山东省自然科学基金（ZR2011EL010）资助项目
山东理工大学青年教师发展支持计划经费资助出版

钢筋混凝土
井壁腐蚀损伤机理研究及应用

王 军 著

北 京
冶 金 工 业 出 版 社
2013

内 容 简 介

本书介绍了钢筋混凝土井壁腐蚀损伤研究的现状，冻结法井壁施工混凝土承受冻结压力对其性能影响的试验研究，盐害环境盐离子腐蚀混凝土及钢筋的机理类型及危害，复合盐害混凝土腐蚀损伤规律的试验研究，混凝土井壁裂缝的发生机理及带裂缝混凝土的力学性能变化规律，损伤混凝土的损伤量评价，基于混凝土材料损伤的服役混凝土井壁的时变可靠度研究与寿命预测。

本书可供从事混凝土材料研究、混凝土井壁设计与施工、矿山安全管理、无损检测技术研究等方面的工作人员、科研人员参考，也可作为结构工程、安全工程及相关学科的研究生的参考用书。

图书在版编目（CIP）数据

钢筋混凝土井壁腐蚀损伤机理研究及应用/王军著．—北京：冶金工业出版社，2013.2

ISBN 978-7-5024-6150-8

Ⅰ.①钢…　Ⅱ.①王…　Ⅲ.①钢筋混凝土支架—混凝土井壁—腐蚀机理—研究　Ⅳ.①TD352

中国版本图书馆CIP数据核字（2013）第019432号

出 版 人　谭学余
地　　址　北京北河沿大街嵩祝院北巷39号，邮编100009
电　　话　(010)64027926　电子信箱　yjcbs@cnmip.com.cn
责任编辑　杨盈园　美术编辑　彭子赫　版式设计　孙跃红
责任校对　李　娜　责任印制　张祺鑫
ISBN 978-7-5024-6150-8
冶金工业出版社出版发行；各地新华书店经销；三河市双峰印刷装订有限公司印刷
2013年2月第1版，2013年2月第1次印刷
850mm×1168mm　1/32；5.5印张；148千字；168页
20.00元

冶金工业出版社投稿电话：(010)64027932　投稿信箱：tougao@cnmip.com.cn
冶金工业出版社发行部　电话：(010)64044283　传真：(010)64027893
冶金书店　地址：北京东四西大街46号(100010)　电话：(010)65289081(兼传真)
（本书如有印装质量问题，本社发行部负责退换）

前　言

矿山钢筋混凝土立井是矿山最重要的咽喉工程和基础工程，承担着地表生产系统与井下生产系统之间连通的重任，对矿山安全生产和整体经济效益影响巨大。目前，在我国钢筋混凝土井壁的研究中，主要的注意力和研究方向集中在设计计算理论和施工技术方面，对于服役混凝土井壁在服役期内由于外部环境的侵蚀导致的材料性能的劣化以及在荷载的作用下造成的结构和系统的损伤积累、抗力衰减研究较少。因此，开展外部环境和内部因素共同作用下服役混凝土井壁耐久性变化规律研究，分析井壁特殊的施工环境对其力学性能的影响；探索外部环境对混凝土及钢筋的损伤机理，科学定量评价受腐蚀混凝土结构的损伤量，提高对井壁破裂灾害的预见性，提出可行的提高耐久性的方法与技术必将成为矿山混凝土井壁研究的一个重要领域，也为矿山破裂井壁的治理提供新的思路和途径。

本书共分5章，第1章为绪论，介绍了目前钢筋混凝土耐久性研究的进展情况；第2章通过设计的试验研究不同荷载等级作用下早龄期混凝土的力学性能和影响因素；第3章通过试验和理论分析研究了硫酸盐、氯盐、碳酸盐等对混凝土及钢筋的侵蚀机理、侵蚀类型及危害，分析了复合盐害作用下混凝土的损伤演化规律；第4章分析了压荷载作用下混凝土的损伤规律及带裂缝混凝土的抗压强度变化规律；第5章通过理论推导得到井壁的时变可靠度模型，并依据已有的研究成果分析了井壁的可靠度变化规律。本书运用了大量的试验资料，并附有大量的图表来说明试验结果和提出的观点，以便于读者了解和掌握。

本书参考了相关的国内外有关混凝土耐久性研究的理论，在此谨向参考文献的作者表示感谢。同时感谢作者的博士生导师北京科技大学纪洪广教授的指导和帮助。

本书中阐述了许多有关钢筋混凝土井壁耐久性的新观点和新方法，其中尚有许多问题有待进一步研究和分析。鉴于作者水平所限，书中不足之处，敬请读者批评指正。

作　者

于山东理工大学

2012年10月

目　录

1 绪 论

混凝土是土木工程领域最重要的人工建筑材料，广泛地应用于民用、工业、矿山能源和交通等行业。随着经济发展和科学技术进步，许多大型复杂工程结构得以兴建，如超高层建筑、核电站、深厚冲积层中的矿山立井等。这类大型工程的结构材料多采用混凝土，使用期长达几十年甚至上百年。材料是工程结构的物质基础，混凝土的性能对工程结构的安全性和耐久性具有决定性作用。由于自然灾害的频繁发生、加之人类生活环境的恶化，导致混凝土耐久性不足而造成的工程事故频繁发生，造成的损失也难以估量。钢筋混凝土结构的耐久性问题已经受到国内外土木工程界的高度重视。

自 1987 年以来，在我国华东、中原、东北等地区位于深厚冲积层的煤矿屡屡发生混凝土立井井壁破裂灾害，截止到 2008 年底，已经有 100 余个井筒发生破裂。这些破裂混凝土井壁，最长的使用时间 30 余年，最短的仅 4 个月，都没有达到设计使用寿命就无法继续使用，给矿山生产造成了巨大的经济损失，矿工的人身安全也受到极大的威胁，严重影响煤矿的安全生产，干扰了国家正常的煤炭能源供应，使经济和社会发展受到影响。

煤矿钢筋混凝土立井是矿山最重要的咽喉工程和基础工程，承担着地表生产系统与井下生产系统之间连通的重任，对矿山安全生产和整体经济效益影响巨大。井壁的破裂引起国家相关部门和有关学者的高度关注，经过大量现场调查和研究，取得较为一致的认识即竖向附加力是井壁受力状况改变的重要因素，以前的煤矿立井设计由于未考虑竖直附加力存在先天不足。在认识到竖直附加力的存在后，对破裂井壁进行了维修加固，但仍旧发生维修加固井壁二次、三次破裂的情况，特别是在黄淮地区，一些治理的井壁出现重复破裂；即使在设计中考虑竖直附加力作用的立井建成后也存在一定程度的井壁混凝土破裂现象，因此必然存在未被考虑的其他导致井壁破裂的重要因素。李定龙、牛学超等人在现场调查过程中发现黄淮及西北地区有相当数量的钢筋混凝土立井处于盐害环境，由盐害引发的混凝土腐蚀、钢筋锈蚀现象严重。服役的混凝土立井井壁长期遭受盐害腐蚀导致耐久性不良强度衰减、井壁开裂，引发井壁淋水、钢筋锈蚀等现象存在，造成井壁混凝土严重损伤却“带病”运行。

近年来我国矿山工程事故频繁发生，造成重大的人员伤亡和财产损失，引起社会对重大工程安全性的关注和担忧。因此，开展外部环境和内部因素共同作用下混凝土井壁随着使用时间发展的耐久性变化规律研究，分析井壁特殊的施工环境对其力学性能的影响；探索外部环境对混凝土及钢筋的损伤机理，科学定量评估受腐蚀混凝土结构的可靠性，提高对井壁破裂灾害的预见性；提出可行的提高耐久性的方法与技术必将成为矿山混凝土井壁研究的一个重要领域。

1.1 混凝土耐久性研究概况

1.1.1 耐久性研究的重要性

混凝土是现代土木工程中用量最大、用途最广泛的工程材料，也是最主要的结构材料，钢筋混凝土结构已经成为世界上应用最为广泛的工程结构形式。由于混凝土结构材料自身成分的复杂性和使用环境的多样性等原因，人类对混凝土性能掌握的依旧不全面。长期以来，人们一直认为混凝土是一种耐久性能良好的建筑材料，忽视了外界环境变化对混凝土结构造成的耐久性问题，导致钢筋混凝土结构耐久性研究的相对滞后，并为此付出了沉重的代价。由于钢筋混凝土结构耐久性不足导致的安全事故时有发生，混凝土结构的耐久性问题已经受到国内外土木工程界学者的高度重视，展开了广泛的研究。

大量实验和工程实践证明：在设计强度足够的情况下，由于混凝土的使用环境恶劣，随着时间发展导致结构的耐久性降低强度衰减，工程结构遭到严重破坏，产生大量自然资源浪费和巨额维修及重建的资金损失。

西方发达国家工业化开展较早，在数十年前已经进行了大规模的钢筋混凝土工程的基本建设，混凝土结构的耐久性问题发现得早，其造成的损失也是惨重的。欧洲许多国家大约要花费建筑物造价的50%用于维护和保养，如英国政府在1974～1989年的15年间，桥梁工程修补费用达到4500万英镑，是初始造价的1.6倍；目前每年用于修复钢筋混凝土结构的费用达5亿英镑。美国的统计数字表明：1975年，由于钢筋混凝土腐蚀引起的损失大约为280亿美元，1985年上升到680亿美元，1995年为1500亿美元，而2004年的数据则直线上升到2200亿美元。巨额的维修费用给这些发达国家的经济带来巨大负担。

我国是世界上最大的发展中国家，混凝土的生产量与使用量世界第一，目前正处于建设的高峰期。在未来的15～20年间，我国的基本建设将继续保持强劲的发展态势。尽管混凝土腐蚀对已经建成的结构造成一定程度的破坏，但数量和规模均较小，未达到引起人们高度关注的程度。《中国腐蚀调查报告》指出，我国建设部门在这方面的损失每年约为1000亿元人民币，其间接经济损失及对社会的潜在影响不容忽视。

随着科学技术的发展，人类生产活动涉及的范围越来越广，各种在恶劣环境下使用的混凝土工程，如跨海大桥、海洋工程、核反应堆、地下结构等不断增多，这些工程关系国计民生，必须实现百年大计甚至千年大计，这就更加要求混凝土具有优异的耐久性。为了做到居安思危、未雨绸缪，吸取西方发达国家的经验和教训，避免若干年后混凝土腐蚀对我国国民经济发展可能造成的严重影响，保持经济持续、稳定、科学发展，必须主动和自觉加强对混凝土耐久性的研究。

1.1.2 混凝土耐久性降低原因

混凝土结构的耐久性是指结构在使用过程中抵抗外界环境或内部自身所产生的侵蚀破坏的能力，产生损伤的原因分为内部和外部两方面：内部原因是指混凝土自身的一些缺陷，如混凝土内部存在气泡和毛细孔隙，为二氧化碳、水与氧气向内部扩散提供了通道；混凝土中掺加氯盐或使用含盐的骨料，由于氯离子的作用使钢筋产生锈蚀；混凝土含碱量过高，水泥中的碱与活性集料反应，导致混凝土开裂等。外部原因主要是指自然环境与使用环境的劣化，可以分为一般大气环境、特殊环境、灾害环境。一般环境中的二氧化碳、环境温度、湿度、酸雨等使混凝土中性化，导致混凝土中钢筋的锈蚀；特殊环境中的酸、碱、盐是导致混凝土结构腐蚀和钢筋锈蚀的最主要原因，如沿海地区的盐害、寒冷地区的冻害、腐蚀性土壤、地下水等；灾害环境主要是地震、火灾等对结构造成的偶然损伤，这种损伤与环境损伤等因素共同作用，加剧混凝土结构的劣化。Mehta 教授在第二届混凝土耐久性国际会议上指出：混凝土耐久性破坏原因，按照重要性递降的顺序依次是钢筋锈蚀、寒冷气候下的冻害、侵蚀环境的物理、化学作用。

我国地域辽阔，气候条件、土壤类型、水文条件、地质条件差别很大，近几十年来，由于工业发展和人为因素导致的环境破坏加剧。在钢筋混凝土工程所处的土壤与地下水中含有一些对钢筋及混凝土材料具有腐蚀作用的物质，引起工程界对地下混凝土工程耐久性的关注和研究。从 20 世纪 50 年代开始，为测试土壤对混凝土试件的腐蚀性，积累腐蚀数据，在全国范围内建立土壤腐蚀试验网，全国 29 个站埋设 4 类材料近 5000 个试件。历经 30 余年试验结果表明，混凝土强度普遍下降，损失率 14% ~ 100%，不同类型土壤对混凝土强度的影响见表 1 – 1。

我国 1/3 土壤中含有对混凝土有腐蚀性物质，西北的盐卤区、沿海的盐渍土及黄淮等地区土壤及地下水中含有大量对钢筋

表 1-1 不同类型土壤对混凝土强度的影响

埋设地点	土壤类型	土壤 pH 值	埋设时间 /a	初始强度 /MPa	腐蚀后强度 /MPa	损失率 /%
敦煌	荒漠土	8.8	28	22.9	0	100
贵阳	黄土	6.5	30	22.9	14.1	38
西安	黄土	8.6	30	22.9	18.7	18
济南	黄土	8.2	30	22.9	19.8	14
三峡	黄土	6.9	33	22.9	6.1	73

混凝土具强腐蚀性的离子，对当地的混凝土工程耐久性带来隐患，部分地区腐蚀性离子类型及含量见表 1-2。

表 1-2 我国部分地区地下水腐蚀性离子类型及含量 （mg/L）

取水地点	Na^+	Ca^+	Mg^{2+}	Cl^-	SO_4^{2-}	HCO_3^-
新疆台特马湖	33842	1503	4438	48789	22254	659
青海察尔汗湖	113429	1200	9120	199270	5760	60
宁夏同心河	5603	344	1261	5694	9611	195
宁夏西吉芦河	1629	312.6	258.5	1346	3201	190.3
云南成昆隧洞	708	541	158	138	2815	509
莱芜张家洼矿	1083	165	38	845	1585	100
甘肃窑街	2338 -	319	336	4250	8148	450
淮北海孜	378.33	—	111.06	128.39	1407.70	0
淮北临涣	243.59	—	213.8	252.40	2083.01	0
徐州张集	362.96	—	80.30	606.74	664.15	—
山东东营	32174.6	—	4025.2	63569.7	6260	419
山东寿光	5532.1	113.6	537.0	6617.2	1759.5	231.3
河北曹妃甸	10727.0	417.5	1193.2	17407.4	2618.9	153.7
天津滨海	3421.7	1400	86.4	2500	880	366

1.1.3 盐害腐蚀混凝土类型

建造在地下的混凝土工程必然与土壤和地下水接触，水分子能够渗透通过极细小的孔洞，在多孔固体材料中，水被认为是多种物理劣化过程的起因。作为侵蚀性离子迁移的载体，水也可以引起化学劣化过程。作为一种溶剂，水比其他液体可以溶解更多的物质。正因为这个特点，水中存在很多离子和气体，这是水能够引起固体材料发生化学分解的主要原因。地下水是一种复杂的天然溶液。存在于地壳中的 87 种稳定元素，在地下水中就发现 70 多种。这些元素含量的多少及存在形式决定水的酸碱性，也决定了水的腐蚀性。地下水的腐蚀性主要表现为对混凝土及钢筋的侵蚀破坏，腐蚀性可分为 3 类：

（1）溶出性腐蚀。它指能够溶解水泥石组成成分的液体介质在混凝土内发生的全部腐蚀过程。当水的暂时硬度较低，在流动或压力的情况下长期冲刷水泥石，会将混凝土中的氢氧化钙溶解析出带走，水化硅酸盐和水化铝酸盐丧失稳定性开始分解。有资料表明，当氢氧化钙溶解析出 5% 时，强度下降 7%；溶出 24% 时，强度下降 29%；溶出 40% 时，强度下降 50%。

混凝土的溶出性腐蚀，在各类建筑物中都能看到，特别是在水与混凝土接触处的干燥部位。溶解在水中的氢氧化钙碳化后生成碳酸钙沉淀下来，在混凝土表面形成白色沉淀物。根据对我国已运行 30 年以上的电站混凝土大坝的实地考察分析，发现都存在不同程度的溶出性腐蚀，造成表面混凝土老化。地下隧道工程、矿山立井等混凝土的溶出性腐蚀也很显著。

（2）分解性腐蚀。它指水泥成分和溶液间发生化学反应的生成物丧失胶凝性而引起的腐蚀。这些产物或是由于扩散原因易于溶解，或是随渗流水从水泥石结构中析出，或是以非结晶体形式聚集。酸和某些盐的溶液与混凝土作用时所发生的侵蚀过程属于这一类腐蚀。当生成物不具备阻止侵蚀性介质进一步渗透的胶结性和足够密实性，而是被溶解掉或被机械地冲洗掉，那么混凝土的深层就会裸露出来，腐蚀过程会一直继续下去，直到整块混凝土完全破坏为止。当生成物不溶解而是遗留在混凝土表面，就会形成一层反应物薄层，那么混凝土的腐蚀速度取决于反应物薄层的性质。在工业建筑、地下建筑和水工建筑中，分解腐蚀非常普遍。

（3）膨胀性腐蚀。它指侵蚀介质在混凝土内部发生化学作用或物理作用导致结晶膨胀，在混凝土内部产生内应力引起的破坏过程。由于盐在混凝土孔隙内逐渐积聚需要一个过程，当这种过程发展很缓慢时，在腐蚀初期结晶物很少，混凝土的孔隙和空洞被这些结晶物填充而变得密实，此时，混凝土的强度甚至比未受侵蚀的混凝土强度有所增加，而在持续的结晶作用下，混凝土的孔隙和毛细孔壁产生很大张力之后，混凝土水泥石结构组分破坏，其强度将迅速下降。这种腐蚀过程对混凝土的破坏作用很大，其中硫酸盐的化学腐蚀作用就属于此类。

经过调查发现部分地区煤矿立井所处的地下水中含有的盐害离子对混凝土的腐蚀作用导致井壁强度降低，部分矿井地下水的化学物质含量见表1－3。

表1－3 部分矿井地下水化学物质含量 (mg/L)

矿井地点	Na^+	Ca^+	Mg^{2+}	Cl^-	SO_4^{2-}	HCO_3^-
淮北海孜	378	680	111	128	1313	706
淮北临涣	227	640	202	238	1958	610
徐州张集	45	—	80	606	664	—
甘肃窑街	2338 –	319	336	4250	8148	450
大屯孔庄	210	165	102	287	1256	108
山东巨野	775.8	320.6	86.17	433.0	2304.6	337.5
淄博夏庄	622.3	280.29	115.0	431.4	2051.1	203.7
淄博西和	27.0	781.6	182.3	40.8	3410.1	0

由表1－3可知，井壁混凝土所处地下水中对混凝土具有腐蚀作用的离子包括硫酸根离子、碳酸氢根离子、氯离子等，一些矿区腐蚀性离子含量大，超过国家标准几倍甚至数十倍，井壁混凝土长期处于腐蚀环境，必然导致混凝土的劣化及强度降低，是混凝土耐久性的严重隐患。当前在我国的矿山建设中，从设计到

施工等各方面对混凝土的指标只强调强度指标，对混凝土耐久性、稳定性、抗渗性等指标要求较少。深厚表土层中的混凝土结构处于特定环境中，需要优异的耐久性抵抗外界的物理和化学侵蚀。李志国认为盐害环境混凝土的腐蚀机理十分复杂，他将破坏分为4种模式：水泥硬化浆体的腐蚀；混凝土盐结晶破坏；钢筋锈蚀破坏；综合性破坏。

1.1.4 硫酸盐侵蚀混凝土研究进展

硫酸盐侵蚀是混凝土耐久性研究的一项重要内容，也是影响因素最复杂、危害最大的一种环境腐蚀。1892年Michalis首先发现硫酸盐对水泥的侵蚀作用并称之为"水泥杆菌"，20世纪初期前苏联就进行硫酸盐侵蚀研究，并把它归为盐类腐蚀。硫酸盐分布广泛，大部分的土壤中都含有硫酸盐；部分地区的地下水中硫酸盐含量很高，如在我国西部地区的青海、甘肃、宁夏都发现了硫酸盐对混凝土的侵蚀破坏，部分混凝土结构损坏严重完全失效。硫酸盐对地下混凝土结构的侵蚀，给工程带来巨大的安全隐患。国内外许多学者从侵蚀机理、评价指标、试验测试及强度变化等领域对硫酸盐侵蚀混凝土进行研究。

1.1.4.1 研究概况

Santhanam通过试验发现混凝土试件在不同浓度的硫酸盐溶液中膨胀变形包括两个阶段；讨论了硫酸钠和硫酸镁溶液浓度对混凝土试件膨胀变形的影响。杨德斌通过室内设计的试验发现，在浓度低于5%范围内，提高浓度对抗蚀系数影响不显著，而当溶液达到饱和时，抗蚀系数衰减最快。刘亚辉等人通过室内试验，采用强度损伤、试件长度变化、质量损失3种判定指标研究了溶液浓度和温度对硫酸盐侵蚀速度的影响，发现溶液浓度和温度超过一定数值后，侵蚀速度减慢；硫酸钠溶液侵蚀速度高于硫酸镁溶液，试件浸泡在浓度15%的硫酸钠溶液中侵蚀速度最快。Biczok研究认为，溶液浓度的改变会影响侵蚀反应机理。

在实际工程中，混凝土的硫酸盐侵蚀大多数情况下是多因素耦合作用的结果。慕儒等人对弯曲荷载作用下高强混凝土的硫酸盐侵蚀进行了研究，得出应力的损伤和硫酸盐侵蚀关系很大；黄战等人对受压荷载作用下的混凝土试件在硫酸钠浸泡后的性能进行试验，发现荷载的作用加速混凝土性能的劣化。Cody 研究认为，混凝土在硫酸钠溶液中连续浸泡、干湿循环、冻融循环条件下腐蚀速度不同，干湿循环劣化速度最大，冻融循环次之，连续浸泡最小。目前，干湿循环已经成为混凝土抗硫酸盐侵蚀试验一种重要加速途径。乔洪霞等人通过干湿循环加速方法研究高性能混凝土抗硫酸盐侵蚀性能，结果表明掺加粉煤灰可以提高混凝土抗硫酸盐侵蚀性能。刘斯凤等人用溶液及混合溶液对混凝土进行长期浸泡，发现材料的种类和掺量及腐蚀溶液浓度的变化对混凝土耐久性有显著影响。金祖权等人研究了不同水胶比的混凝土损伤劣化规律，得出复合溶液中氯盐的存在延缓了腐蚀速度。马保国等人研究了混凝土在复合盐溶液中的破坏机理。

腐蚀混凝土的检测和力学性能对准确诊断服役混凝土的健康十分重要。梁咏宁等人采用超声波法对受硫酸盐侵蚀的混凝土表面损伤厚度进行监测，认为超声波法切实可行，可以对腐蚀混凝土耐久性无损检测提供参考。蒋敏强等人运用超声波技术对硫酸盐侵蚀下的水泥砂浆试件的动弹性模量检测，分析动弹性模量随时间的变化规律，认为动弹性模量的演化能够反映试件整体平均强度的变化。梁咏宁等人通过试验研究硫酸盐侵蚀下混凝土单轴受压力学性能，得到了受腐蚀混凝土单轴受压应力－应变曲线和本构关系。范颖芳等人研究硫酸盐侵蚀后混凝土力学性能，得出腐蚀后混凝土强度的计算模型。

1.1.4.2　实验设计与检测

水泥混凝土抗硫酸盐侵蚀快速方法的研究得到许多研究人员的重视，提出了一系列的水泥混凝土抗硫酸盐侵蚀的快速评估方法。目前，混凝土抗硫酸盐侵蚀的评估与检测方法主要有室外的现场检测与实验室评估两大类。由于硫酸盐侵蚀混凝土的速度慢且发生在混凝土的内部，室外现场检测耗费的时间长、费用大，目前研究以实验室为主。

实验室快速评估水泥混凝土的抗硫酸盐能力一直是一个热点问题，如美国颁布的《硫酸盐中水泥胶砂潜在膨胀性能实验方法》和《硫酸盐溶液中水硬性水泥胶砂试体的长度变化测试方法》。但由于硫酸盐侵蚀机理复杂，侵蚀因素众多，至今为止仍然没有一种得到公认的方法来快速评估新拌混凝土的抗硫酸盐侵蚀能力。

试验中常用的加速途径：

(1) 增加试件的反应面积。试件的形状（特别是表面积与体积之比）对侵蚀的速度有很大影响。体积相同，表面积越大的试件受侵蚀面越大，侵蚀速度越快。

(2) 增大侵蚀溶液的质量分数。增大侵蚀溶液质量分数的方法，不宜用于抗硫酸盐侵蚀机理的研究，仅可用于比较不同水泥抗硫酸盐侵蚀的能力。

(3) 增大结晶压力（即采用干湿循环交替法）。美国恳务局的研究表明：干湿循环引起的劣化速度远比持续浸泡引发的性能劣化快得多。Cody 等人也通过试验研究比较了硫酸钠溶液中经连续浸泡、干湿循环、冻融循环的条件下混凝土的膨胀率。

(4) 提升溶液温度。Santhanam 等人证实了升温会加速硫酸盐的侵蚀。

(5) 增大试件的渗透性也是一种加速方法。通过增大水灰比（W/C），提高试件的渗透性，使侵蚀溶液易于进入试件内部，从而加快侵蚀速度。不同的研究者采用不同的试验方法，研究实际工程中的混凝土抗硫酸盐侵蚀性能，所得到的结论不尽相同。

试验中检测混凝土试件劣化的指标包括：

(1) 强度损失。在我国及东欧一些国家的检验标准中采用（如 GB 749—1965、GB 2420—1981）。主要指标为抗侵蚀系数，采用此指标测试，方法简单且与工程中常用的指标相吻合，但难以客观评估掺外加剂与掺和料的混凝土抗硫酸盐侵蚀性能。

（2）质量损失。主要指标为质量损失率，定义为一定龄期后受硫酸盐侵蚀试件的质量损失与初始质量之比。质量的损失和试件的孔隙状态有关，不同的试验可能得到不同的结果。

（3）体积（长度）变化。主要指标为膨胀率，定义为一定龄期后受硫酸盐侵蚀试件的长度变化与初始长度之比。

（4）弹性模量损失。主要通过比较浸泡于侵蚀溶液中试件与同龄期水中试件的弹性模量来判断混凝土的抗硫酸盐侵蚀性能。尽管采用此指标的标准规范较少，但弹性模量与强度一样本身就是工程中常用检验混凝土的指标之一，且在工程中，通常可以使用无损检测（如超声声速）测出混凝土的弹性模量，通过混凝土弹性模量与其力学强度内在联系建立相关关系，进而推定混凝土的强度。因此，混凝土的弹模是评价其抗硫酸盐侵蚀性能的重要指标。

上述评价指标各有其优缺点，且有各自相对应的标准规范。但到底采用何种指标才能更准确、真实、迅速地反映出混凝土抗硫酸盐侵蚀的性能仍值得进一步研究。

1.1.5 氯盐腐蚀钢筋混凝土

氯离子最大的破坏作用是腐蚀钢筋，钢筋的腐蚀进而导致的生锈膨胀是影响混凝土耐久性的主导因素。氯盐诱发钢筋腐蚀的机制可通过如下 4 个方面进行讨论：

（1）局部酸化作用。虽然氯化物是中性盐，它的侵入不会引起整个混凝土微孔水溶液 pH 值的变化，但是，当其中的氯离子（Cl^-）与其他阴离子（如 OH^-、O^{2-} 等）共存、并竞相被吸附时，Cl^- 具有优先被吸附的趋势。所以，钢筋钝化层表面附近的 Cl^- 浓度远高于微孔水中 Cl^- 的平均浓度。即钢筋钝化层表面附近的 OH^- 浓度将远低于微孔水中 OH^- 的平均浓度。这说明，钢筋钝化层表面附近已被 Cl^- 局部酸化。资料表明，由于

Cl^-的局部酸化作用，钢筋表面阳极电解液的 pH 值被局部降低到3.5 左右。

（2）形成“活化－钝化”腐蚀原电池。氯离子（Cl^-）半径小、活性大，常从膜结构的缺陷处（如晶界、位错等）渗进去将钝化膜击穿，直接与金属原子发生反应。这样，露出的金属便成了“活化－钝化”腐蚀电池的阴极。这种小阳极、大阴极的腐蚀电池促成了所谓的小孔腐蚀，即坑蚀现象。

（3）催化剂作用。氯离子在钢筋腐蚀过程中，其本身不被消耗，只起到加速腐蚀进程的催化剂作用。在氯离子的催化作用下，钢筋表面腐蚀（坑蚀）微电池的阳极反应产物 Fe^{2+} 被及时地“搬运”出去，不使其在阳极区域堆积下来。这样，就大大加速了钢筋的腐蚀进程。由于氯离子在钢筋腐蚀过程中本身不被消耗，而在重复循环地被利用，因而氯化物侵蚀一旦发生，就很难补救。

（4）降低混凝土电阻的作用。氯化物侵入混凝土后，其中的氯离子（Cl^-）及钠离子（Na^+）、钙离子（Ca^{2+}）等阳离子都会参与混凝土中的离子导电，降低钢筋表面阴、阳极之间的混凝土电阻，提高腐蚀电池的效率，从而加速了钢筋电化学腐蚀的进程。

一旦钢筋表面的钝化膜破裂脱落，其裸露部分就会很快出现铁锈，钢筋即开始发生腐蚀。不管钢筋腐蚀是由氯化物侵蚀诱发的，还是由混凝土碳化诱发的，都同样是一个电化学过程，即在钢筋表面形成丹尼尔型、盐浓差型或氧浓差型的腐蚀微电池。在这些微电池中，钢筋表面的阳极区域，铁原子失去电子变为铁离子溶入混凝土的微孔水中：

阳极反应：$Fe \longrightarrow Fe^{2+} + 2e^-$

阳极反应生成的电子通过钢筋本身定向移动到钢筋表面上的阴极区域，并在那里与水和氧气发生反应生成氢氧根离子：

$$2e^- + H_2O + 1/2O_2 \longrightarrow 2OH^-$$

$$Fe^{2+} + 2OH^- \longrightarrow Fe(OH)_2$$

$$4Fe(OH)_2 + O_2 + 2H_2O \longrightarrow 4Fe(OH)_3$$

$$2Fe(OH)_3 \longrightarrow 2H_2O + Fe_2O_3 \cdot H_2O$$

以上反应发生在含氧充足的条件，若在少氧条件，会发生如下反应：

$$6Fe(OH)_2 + O_2 \longrightarrow 2Fe_3O_4 + 6H_2O$$

从以上的化学反应式中可以看出，氢氧化亚铁生成后会继续与水和氧气反应，生成氢氧化铁；然后，氢氧化铁分解为水和带结晶水的氧化铁，常被称为红锈，Fe_3O_4称为黑锈。不带结晶水的氧化铁（Fe_2O_3），在完全致密状态下的体积为生成它的钢筋体积的两倍。由于静态的微孔水无法将这些红锈传输出去，因而只能在钢筋和混凝土界面上呈多孔海绵状沉积出来。在红锈膨胀内应力的作用下，钢筋的混凝土保护层就会发生顺筋开裂，乃至剥落。对于发生了这种腐蚀过程的钢筋，可以在其表面上观察到发脆的棕红色铁锈鳞片，并可在混凝土裂缝处看到红色的锈迹。使混凝土保护层产生裂纹的钢筋腐蚀量将取决于混凝土保护层的厚度、钢筋距结构边缘（角）的距离、钢筋间距、钢筋直径等静态因素以及碳化推进速度、钢筋腐蚀速度等腐蚀反应过程的动态因素。

在钢筋受到腐蚀的混凝土结构中，其边、角部位会先于其他部位产生裂纹。这是因为在边、角部位，氧气、水、氯化物和二氧化碳等腐蚀介质能从结构的两个侧面或3个侧面向钢筋扩散。当相邻钢筋均发生腐蚀且产生的水平裂纹相互连接起来时，混凝土保护层就会发生层裂，并最终剥落。钢筋锈蚀导致混凝土的剥落及裂缝产生，为盐溶液进入提供更加畅通的通道，从而加重混凝土和钢筋腐蚀，使破坏加剧。

混凝土中钢筋锈蚀可以分为4个阶段：

（1）钢筋脱钝开始锈蚀。

（2）钢筋锈蚀在其周围生成锈蚀产物，自由膨胀。

（3）锈蚀产物体积膨胀超过孔隙体积产生附加应力。

（4）混凝土保护层开裂裂缝发展。一些学者通过实验室加速试验给出钢筋锈胀裂缝宽度与锈蚀率的计算公式。其中，中国建筑研究院的惠云玲通过长期调研和试验研究相结合，提出考虑裂缝宽度、保护层厚度、钢筋直径、混凝土强度的经验公式：

位于角部的一级钢筋（圆钢）：

$$\eta = \frac{1}{d}(32.43 + 0.303 f_{cu} + 0.65 c + 27.45 \omega) \quad (1-1)$$

位于角部的二级钢筋（变形钢筋）：

$$\eta = \frac{1}{d}(-1.763 + 0.789 f_{cu} + 34.486 \omega) \quad (1-2)$$

式中 η——钢筋重量损失率，%；

d——钢筋直径，mm；

c——混凝土保护层厚度，mm；

f_{cu}——混凝土立方体抗压强度，MPa；

ω——混凝土锈胀裂缝宽度，mm。

1.2 损伤混凝土性能

1.2.1 损伤理论

从力学角度研究混凝土内部缺陷的作用通常有两种方法。一种就是把它们简化为一个或有限个宏观裂纹，研究其尖端附近的应力、应变以及位移场，并确定其扩展及失稳的条件，这就是“断裂力学”。由于断裂力学的巨大进展已给结构设计带来了革命性的变化，很多工程领域都在大力地推广和应用。但是，断裂力学的研究方法并不能处理所有的材料损伤问题。因为这些内部缺陷并不总是能简化为一个或有限个宏观裂纹。自 1990 年以来，把这类微细空隙的力学作用理解为连续变量场（损伤场），并由此研究材料微细空隙的扩展和含有微细空隙材料性质的一门新学科逐渐形成，这就是“损伤力学”。损伤力学不仅描述含有大量微细空隙的材料，即损伤材料的性质，而且也研究直到出现宏观裂纹以前的整个过程。

结构损伤的成因和方式是多方面的。通常研究两大类最典型的损伤：由微裂纹萌生与扩展的脆性损伤和由微孔洞的萌生、长大、汇合与扩展的韧性损伤。由于各类损伤机制不同，可以选择不同的损伤变量和不同的损伤演变方程，即使是描述同一物理过程，采用不同损伤变量时，也会有不同的损伤演变方程。损伤演变是一种不可逆的劣化过程，损伤扩展使材料内不断产生新的裂面，构成一种能量释放过程，宏观损伤力学用热力学内变量来描述材料内部结构的变化，而不去细致地考虑这种变化的机制。混凝土材料最重要的两个力学指标就是抗压强度和抗拉强度。试件抗压强度试验在全世界已沿用 80 多年，成为混凝土结构设计、施工及验收的基本依据，而混凝土的抗拉强度也是其最基本的力学性能之一。它既是研究混凝土强度理论和破坏机理的一个重要组成部分，又直接影响混凝土结构的开裂和变形。如果能够将材料的损伤与这些强度指标联系起来，那么不仅能使损伤的物理意义更加明确，而且便于在工程实际中得到应用。Cook 和 Chindaprasir 不仅研究了抗压荷载历史对强度和刚度劣化的影响，而且研究了抗拉荷载历史对二者的影响。逯静洲等人提出用经历荷载历史后不同方向的抗拉和抗压强度的变化来描述复杂荷载历史引起的混凝土各向异性损伤问题。Ravindra Getturli 等人开展了荷载历史对高强混凝土强度影响的研究，虽然与普通混凝土的影响规律不完全相同，但是可以明显看出，不同的荷载历史确实引起高强混凝土强度发生劣化，用这种劣化来定义损伤是合适而且可行的。

1.2.2 损伤力学理论基础

固体材料的损伤破坏过程可以理解为连续性降低过程或损伤累积过程，定义 ψ 为材料的连续性，相应的损伤度 D 定义为：

$$D = 1 - \psi \qquad (1-3)$$

对于弹塑性材料，可以用受损材料的有效弹性模量表征材料的损伤度，

$$\psi = E/E^{*} \qquad (1-4)$$

$$D = 1 - E/E^* \tag{1-5}$$

$$\varepsilon = \sigma/E \tag{1-6}$$

虚拟的无损状态的应力-应变关系为：

$$\varepsilon = \sigma^*/E^* \tag{1-7}$$

将式（1-6）、式（1-7）代入式（1-4）得：

$$\sigma^* = \frac{E^*}{E}\sigma = \frac{\sigma}{\psi} \tag{1-8}$$

式（1-8）表明，无损材料的有效应力 σ^* 可以由实际应力和材料的连续性求得。将式（1-3）、式（1-4）代入式（1-8），可以得到：

$$\sigma^* = \frac{\sigma}{1-D} \tag{1-9}$$

式中 E——受损材料的真实弹性模量；

E^*——材料无损状态弹性模量；

D——混凝土材料损伤量；

ψ——混凝土材料的连续性。

式（1-9）表明，无损材料的有效应力是和材料的损伤程度紧密联系的。基于此，Mazars、Sidoroff、Loland 等人通过各自的实验，建立了混凝土材料的损伤演变模型。

从 1980 年开始，各国学者开始将损伤力学理论应用于分析混凝土受荷载后的力学性能研究，根据混凝土的实验数据建立损伤应力随应力状态或应力水平变化的规律，提出了各种损伤模型，并首先应用于材料的受拉情况。混凝土的损伤模型主要有 5 种，大多基于单轴受力实验，以最大应力 σ_p 对应的应变 ε_p 为分界，这些模型将损伤分为 $\varepsilon < \varepsilon_p$ 和 $\varepsilon > \varepsilon_p$ 两个区域。

（1）Mazars 损伤模型：

$$D = 1 - \varepsilon_p(1-A)\varepsilon^{-1} - A\exp[-B(\varepsilon - \varepsilon_p)] \tag{1-10}$$

（2）分段线性模型：

$$D = 1 - \frac{1 - D_i}{\varepsilon}\left[\varepsilon_p - c_1\left(\varepsilon\Big|_m^F - \varepsilon_p\right) - c_2\left(\varepsilon\Big|_F^R - \varepsilon_F\right)\right] \tag{1-11}$$

（3）Sidoroff 模型：

$$\sigma = E\varepsilon\,(1 - D)^2 \tag{1-12}$$

$$D = 1 - (\varepsilon_p/\varepsilon)^2 \tag{1-13}$$

（4）双线性模型：

$$D = [\varepsilon_R(\varepsilon - \varepsilon_p)]/[\varepsilon(\varepsilon_R - \varepsilon_p)] \tag{1-14}$$

（5）Loland 模型：

$$\sigma^* = \frac{E\varepsilon}{1 - D_0}, \sigma = \sigma^*(1 - D), D = D_0 + C_1\varepsilon^\beta \tag{1-15}$$

$$\sigma^* = \frac{E\varepsilon_p}{1 - D_0}, \sigma = \sigma^*(1 - D), D = D(\varepsilon_p) + C_2(\varepsilon - \varepsilon_p) \tag{1-16}$$

由边界条件 $\sigma\Big|_{\varepsilon=\varepsilon_p} = \sigma_p$，$\frac{d\sigma}{d\varepsilon}\Big|_{\varepsilon=\varepsilon_p} = 0$，$\varepsilon = \varepsilon_u$ 时 $D = 1$ 可以确定：

$$\beta = \sigma_p/(E\varepsilon_p - \sigma_p), C_1 = \frac{1 - D_0}{1 + \beta}\varepsilon_p, C_2 = \frac{1 - D\varepsilon_p}{\varepsilon_u - \varepsilon_p} \tag{1-17}$$

式中 A，B——材料常数，由实验确定；

$\varepsilon\big|_m^F$——宏观裂缝形成时的应变值；

$\varepsilon\big|_F^R$——临近断裂时应变值。

混凝土耐久性失效过程实质是一个内部损伤演变的劣化过程，关宇刚等人结合可靠度理论与损伤理论，提出了适用不同边界条件及单因素和多因素复合作用下的混凝土寿命预测模型。余红发等人借助损伤理论，通过系统实验，研究混凝土损伤失效过程规律和特点，建立混凝土损伤演化方程。张研等人根据试验结果，提出混凝土化学-力学损伤耦合本构模型。左晓宝等人建立了硫酸盐侵蚀下的混凝土损伤破坏全过程的定量分析模型。

1.3 混凝土无损检测技术

1.3.1 混凝土无损检测

混凝土是土木工程最主要的建筑材料，对混凝土质量的评定和检测是结构物健康诊断的重要内容。传统的检测方法以边长150的立方体试块，在温度为（20±3）℃和相对湿度90%以上的潮湿环境或水中的标准条件下，经28天养护后试验确定，所测得数据与工程结构中实际混凝土性能有一定差距，因而现场检测技术成为混凝土工程诊断的主要手段。由于无损检测不损害结构的使用功能、不影响工程的正常运行受到广泛推广。目前，土木工程中常见损伤诊断方法及特点见表1-4。

表1-4 故障损伤诊断方法及特点

诊断方法	适用范围	基本特点	适用结构
振动诊断	内外部裂纹或损伤	利用结构动态参数对故障的敏感性、完整性进行检测与监测	适用于各类工程结构
超声诊断	表面与内部缺陷、管道腐蚀	速度快、对平面缺陷灵敏度高	适用于各类工程结构
声发射诊断	动态发展性缺陷	对损伤的萌生于扩展进行动态检测与监测	适用于各类工程结构
射线诊断	分散细小缺陷及表面缺陷	直观、灵敏度高	主要适用于铸件和焊接件
光学诊断	表面细微缺陷	能以非接触方式对物体进行无损检测	主要适用高温及危险环境
磁粉诊断	表面缺陷	灵敏度、精确度高	适用于各类磁性工程结构
红外诊断	表面与内部缺陷、管道裂缝	仪器安全可靠、可远距离操作	各类工程，尤其适用高温危险环境

声发射技术作为无损检测的一类，因具有动态、实时监测的

功能，可以长期连续监视缺陷的安全性，在对服役结构的检测方面具有其他方法无法实现的功能。

1.3.2 声发射技术研究进展

混凝土结构在使用期限内，在各种外界因素如机械、热和化学应力作用下性能会发生劣化。劣化过程常伴随着混凝土材料中的孔隙、微裂缝和裂缝的发展。所以，掌握混凝土材料的实际状态是掌握整个服役混凝土结构状态的必要条件，同时也为混凝土结构缺陷的预防和修补提供了依据。结构混凝土质量的传统检测方法是以按规定取样制作的立方体试块为基础的。实践表明，在试件上所测得的混凝土性能指标往往与结构中实际混凝土的性能有一定的差别。因此，直接在结构物上检测混凝土质量的现场测试技术，已成为混凝土工程质量管理的重要手段。

声发射（Acoustic Emission，AE）也称为应力波发射，是材料局部因能量的快速释放而发出瞬态弹性波的现象。许多材料的声发射信号强度很弱，人耳不能直接听见，需要借助灵敏的电子仪器才能检测出来，用仪器探测、记录、分析声发射信号和利用声发射信号对声发射源进行定量、定性和定位的技术称为声发射检测技术。声发射检测技术是一种新兴的动态无损检测技术，涉及声发射源、波的传播、信号接收、信号处理、数据显示与记录、解释与评定等基本概念，基本原理如图 1-1 所示。

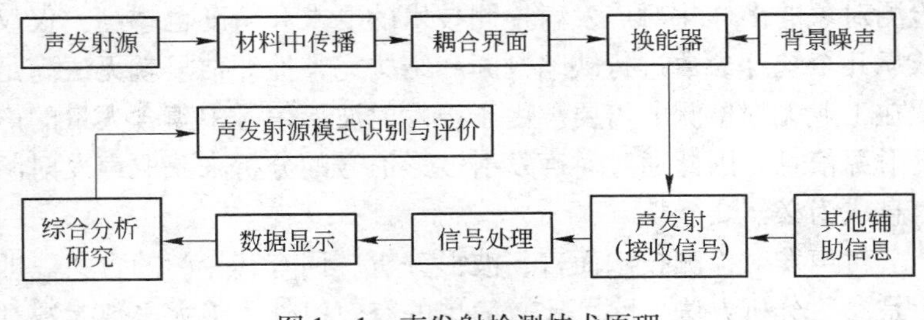

图 1-1 声发射检测技术原理

声发射现象是与混凝土的健康状况密切相关的，当混凝土包含有临界微裂缝时，在很低的压应力水平下，也会由于这些临界的缺陷或微裂缝的发展和传播，使声发射处于活跃状态。相反地，健康混凝土的声发射活性是比较稳定的，在最终破坏之前保持较低水平。因此，混凝土中临界裂缝的存在状态是与在压力作用下的声发射活性紧密联系的。

目前，采集和处理声发射信号的方法可分为三大类：一类是以多个简化的波形特征参数来表示声发射信号的特征，然后对其进行分析和处理；另一类为存储和记录声发射信号的波形，对波形进行频谱分析；第三类是对非平稳信号的分析研究。

1.3.2.1 声发射信号的参数分析方法

记录声发射波形信号特征参数是近几十年来声发射仪器所一直采用的方法，与记录的声发射波形信号相比，声发射波形特征参数已经损失了大量的信息，但由于这一方法相对比较简单，对仪器硬件的要求较低，易于实现实时监测，因而受到人们的青睐并得到广泛应用。对声发射信号特征参数进行分析的常用经典方法包括参数随时间的变化分析、参数的分布分析和参数的关联分析，这些经典分析方法可以确定声发射源的强度和活动程度。

1.3.2.2 声发射信号的波形分析方法

随着现代化工业的发展，声发射检测技术应用领域的拓宽，检测对象的多样化对声发射检测技术的要求和精度也越高，仅仅依靠几个统计参数进行缺陷判断和结构完整性评估早就无法满足现在工业无损检测的需要。由于声发射波形信号中蕴含大量的声发射源信息，因此通过对声发射波形信号的分析来获取声发射源信息成为必然。

对声发射检测技术而言，波形分析一词有其专门的含义。即使是参数分析方法，除了比较简单的有效值外，绝大多数参数都是从波形获得的，即先有波形，后有参数。AE 波形分析技术的特定含义及核心是了解所获得的声发射波形的物理本质，其研究重点是将 AE 波形与 AE 源机制相联系，其主要研究对象是声发射的源机制、声波的传播过程和传播介质的响应。没有先决条件，单纯使用瞬态波形记录仪捕捉 AE 信号并进行分析并不是真正意义的波形分析技术。由于声发射是一种被动检测技术，而声源本身一般都十分微弱，因此，波形分析技术面临很多难题。

1.3.2.3 非平稳信号的分析方法

在许多科学领域的试验和工程测量中，普遍存在着非平稳信号。大多数 AE 信号在时域中具有瞬态性，并且所测得的 AE 信号包括各种成分和干扰，如机械摩擦及异物撞击等，所以 AE 信号为典型的非平稳信号。只有有效地滤除 AE 信号中的干扰及噪声信号，获得有用的信号，这样才有可能得到可靠的分析结论。但目前经典信号处理技术（即时域分析和频域分析）尚不能很好地分析具有时变特性（即信号的幅值特性和频率特性随时间不断改变）的非平稳信号。1959 年，Rusch 对混凝土受力后的声发射信号首次进行了研究，并证实，在混凝土材料中，凯塞效应仅存在于极限应力的 70% ~ 85% 以下的范围内。1959 年和 1960 年，L. Hermit 报道了关于混凝土在变形过程中的声发射的研究成果。1965 年 Robinson 研究了砂浆体及不同骨料掺量、不同骨料粒径时混凝土的声发射特征，并发现，产生自混凝土的声发射信号有两个主频率，即 2kHz 和 13k ~ 14kHz，这两个主频信号主要发生在混凝土的声速和泊松比发生改变的荷载水平，并指出，声发射检测与其他惯用方法相比有两个优点：一是实时和动态；二是对结构的影响小。

目前，把声发射技术与材料的细观力学研究结合起来，开展类岩石材料的声发射机理研究、声发射参数与力学参数之间的关系研究得到重视，已有部分研究报道。董毓利等人从声发射能量的角度出发，研究了混凝土在受压状态的声发射特性；陈兵等人指出声发射事件的分布反映了混凝土内部破坏的微观过程，由此可以反演出混凝土的断裂过程，同时利用声发射曲线可以定性地判断材料的脆性。纪洪广等人研究了混凝土材料自身结构特征对声发射性能的影响、不同受力条件混凝土材料声发射特征、混凝土材料声发射过程非线性特征、声发射与混凝土的损伤关系，得到混凝土损伤的声发射模式：

$$D(i) = kN(i) \tag{1-18}$$

式中 $D(i)$——第 i 次加载过程中的损伤扩展量；

i——加载顺序；

$N(i)$——第 i 次加载过程中的声发射事件数；

k——试验参数。

王余刚等人通过提取混凝土材料不同破坏阶段的全波形声发射信号并分析其频谱特性，发现全波形声发射信号能够实时反映混凝土材料在荷载作用下的破坏过程的特征信息；朱宏平等人在损伤力学和声发射速率过程理论的基础上建立了单轴受压状态混凝土材料声发射特征参数与损伤演化间的方程。此外，在混凝土冻融循环测试、混凝土中钢筋锈蚀、强度与声发射参数间的关系等方面，声发射技术展示了广阔的应用前景。总的来说，在细观层次开展声发射技术理论研究刚刚起步，有大量工作去做，许多问题需要探求和解决。

1.4 混凝土井壁耐久性

自 20 世纪 80 年代至今，我国华东、东北、中原及西北等深厚冲积层中发生了大面积的煤矿立井井壁破裂事故，造成巨大经济损失，煤矿的安全也受到威胁。井壁破裂即耐久性失效，其原因可分为内因与外因两方面。外因是竖向附加力的作用，内因是混凝土本身强度的降低。目前，在民用建筑领域钢筋混凝土耐久性的研究报道较多，而立井混凝土井壁耐久性的研究较少。研究中考虑单一因素多，考虑荷载与环境的耦合作用少。井壁结构的使用荷载和使用环境是共存的，李定龙等人调查了立井在工作环境中受到的腐蚀情况，分析立井周围土壤与地下水中化学成分的变化，指出盐害对钢筋混凝土造成的腐蚀破坏，认为腐蚀导致的混凝土强度降低是井壁破裂的重要原因，并指出井壁混凝土腐蚀是极其复杂的物理化学过程，有待进一步研究；张鸿达、宿敬北分析地下水对井壁的腐蚀原因，讨论了防侵蚀的方法；张振昌对地下水侵蚀混凝土的机理进行了初步探讨，提出抗侵蚀的方法；牛学超等人认为目前深厚冲积层中应用的高强度混凝土井壁未考虑耐久性因素，应当加强高强度混凝土耐久性抗渗性等的研究，提高井壁的耐久性。

由于力学、物理化学、环境地质等众多因素的影响，混凝土的耐久性问题十分复杂。在民用建筑领域，目前大量的研究集中在钢筋锈蚀、化学侵蚀、冻融循环等影响耐久性的主要原因方面，并逐渐把耐久性与结构的寿命预测联系，Prezzi 等人利用可靠度方法对混凝土使用寿命进行预测；杜应吉等人对地下结构（隧道）进行寿命预测与分析。

1.5　今后研究方向

我国地域广阔，各地区之间环境、气候及地质水文条件千差万别；腐蚀性盐害环境中对混凝土侵蚀离子的种类、浓度不尽相同，目前也没有统一的试验标准和检测指标。应依据各地区具体的地下水质情况，结合具体工程的使用环境，分析盐害对钢筋混凝土的侵蚀机理；揭示盐害侵蚀下混凝土的耐久性变化规律。

深厚冲积层煤矿立井多采用冻结法施工，井壁混凝土在施工期间边承压边养护且处于低温状态，冻结壁对外壁混凝土施加的冻结压力在一定时间是渐增的。在这种特殊的环境状况下，渐增的冻结压力是否对混凝土产生损伤、是否影响混凝土的后期强度，一直是有待研究的问题。

目前，混凝土盐害侵蚀研究中，研究氯盐对钢筋腐蚀的居多，且大部分考虑单因素作用情况。巨野矿区混凝土井壁处于深厚冲积层，属于盐害环境。混凝土井壁在 200m 以下基本采用高强混凝土。高强混凝土在服役期间不仅遭受盐害侵蚀，还受到持续变化的竖直附加力作用；特殊的施工环境和使用条件使混凝土井壁产生大量裂缝。在盐害、荷载和裂缝共同作用下高强混凝土侵蚀演化规律的研究未见文献报道。

钢筋混凝土立井在服役过程中，多方面原因造成井壁开裂渗水现象，即井壁混凝土是在带损伤状态下运行。如何科学评估服役混凝土井壁的强度发展规律、在不影响矿山正常生产的前提下定量确定劣化混凝土的损伤量，为矿山科学决策和安全维护提供理论支持，一直是矿区立井维护急需解决的问题。

2　荷载作用对低龄期混凝土性能影响的试验研究

2.1　引言

混凝土性能优劣直接关系工程结构的安全，因此对混凝土的性能特别是力学强度国家有严格的试验和检测标准。目前，国家制定的验证标准是混凝土构件在实验室标准条件下养护得出的结论，而实际工程情况千差万别，依据实验室标准条件得到的数据未必能反映各类工程混凝土强度28d的实际情况。因此模拟工程现场的实际条件进行混凝土力学强度的试验检测才能与工程实践吻合，更好地揭示混凝土的强度变化规律。

目前，我国探明有1500亿吨以上的优质煤炭深埋在400～1000m以上的深厚冲积层下，开发这些煤炭资源是今后煤矿建设的重点。正在开展的大规模煤矿建设高潮中，矿山立井穿越的冲积层厚度越来越大。冻结法凿井是深厚冲积层不稳定含水地层中立井井筒施工的有效方法，在煤矿立井施工中应用广泛。立井井壁普遍采用双层钢筋混凝土复合结构，外层井壁自上而下短段浇注，内层井壁自下而上浇注。受冻结壁变形影响，外层井壁混凝土在养护过程中受到不断增大的冻结压力作用。冻结压力泛指冻结凿井过程中冻结壁变形施加给外层井壁的力，主要包括两部分：一是现场浇筑外层井壁混凝土时，混凝土水化反应放出热量导致冻土融化，热量散失温度降低再冻结产生的冻胀压力，因无外部补给水源，这种冻胀压力只是由于冻土融化的水和现浇混凝土所产生的水分再冻结成冰而致，此类冻胀压力是有限的，可以通过在现浇混凝土外层井壁与冻结壁之间适当加一层泡沫板消除；二是冻土的蠕变造成的。冻结壁是由不同冻结状态的冻土构成的流变体，冻土的变形包括瞬时弹性、塑性和蠕变变形三部分，而蠕变变形是其总变形量的主要部分。冻结壁变形随时间变化而变化，这种位移被外层井壁所约束，外层井壁对冻结壁产生反力，即冻结压力是冻结壁和外层混凝土井壁这两个地下结构物之间的相互作用，作用力的大小与两者的特性有关，且互为作用力与反作用力。

煤矿立井混凝土井壁穿越的冲积层深度越来越大，外层混凝土井壁受到的冻结压力随深度增大，目前，现场实测的最大冻结压力达到11.4MPa。按照国家混凝土试件测试试验标准，混凝土试件在28天不受荷载标准养护条件下的强度作为设计强度的标准值。深厚冲积层煤矿立井井壁混凝土在整个28天养护期间一直承受不断增大的冻结压力作用，且冻结施工工作面环境温度较低。在此类特殊环境下浇注养护是否影响混凝土的强度、是否对混凝土造成损伤是必须弄清楚的问题。本章依据巨野矿区冻结压力的实测数据，通过自行设计的试验对这一问题进行试验研究分析。

2.2 冻结压力分析

巨野矿区某副井采用冻结法施工，穿越冲积层厚度567.7m，冻结深度650m，设计内外双层钢筋混凝土井壁。外壁与井帮之间铺设50~75mm厚聚苯乙烯泡沫塑料，内外层井壁之间铺设两层1.5mm厚聚乙烯塑料薄板。为研究深厚冲积层冻结压力的变化规律，为后续井筒施工提供工程经验和科学指导，施工单位对巨野煤田部分井筒的冻结压力进行了现场实测，取得了施工现场冻结压力的具体数据，部分数据见表2-1。

表2-1 巨野矿区井壁冻结压力测值

工程名称	深度/m	冻结压力/MPa				
		7d	10d	14d	30d	p_{max}
副井	400	1.81	2.54	2.93	4.11	4.59
	430	2.56	3.38	3.90	4.48	4.90
	464	3.94	4.25	4.50	4.86	6.22
	494	4.40	5.62	6.57	7.24	9.48

续表 2－1

工程名称	深度/m	冻结压力/MPa				
		7d	10d	14d	30d	p_{max}
主井	470	3.63	3.93	4.03	4.71	8.64
	487	2.35	3.15	3.68	6.08	8.14
	512	8.81	9.36	9.68	9.52	10.60
	535	6.60	7.08	7.50	7.50	7.91
	372	2.82	3.01	3.21	3.68	3.84
	426	3.50	3.75	4.01	4.83	5.63
	455	2.22	2.42	2.58	2.88	3.39
	502	5.30	5.49	5.73	6.34	6.51

从表 2－1 中数据和现场测试数据发现作用在井壁上的冻结压力变化过程分为 3 个阶段：快速增长阶段、缓慢增长阶段、稳定阶段。快速增长阶段发生在外壁混凝土浇筑后的 3～14d 内，最大增长速率达到每天 0.5MPa，14d 冻结压力可达最大值的 80% 以上。冻结压力随时间变化主要是由于冻结壁在水平地压作用下产生较大的蠕变变形；另外在此期间现浇混凝土外层井壁的强度不断增加，其刚度（弹性模量）增大，即冻结壁的变形越来越大，而现浇混凝土外层井壁抵御变形的能力越来越强，当冻结壁的变形受到外层井壁阻碍时，即产生冻结压力，且增长迅速；缓慢增长阶段出现在混凝土浇筑后 15～20d 内，压力平均增长小于 0.01MPa/d，持续时间约 3 个月。原因是由于冻结壁的位移速率减小，而在此期间现浇混凝土外层井壁的强度增长速度也减缓，因此冻结压力增长速度变慢，出现小幅下降后转入稳定阶段；稳定阶段的冻结压力出现缓慢增加的趋势，在此阶段内，冻结壁的变形和外层井壁的强度增长速度均趋于稳定，因此冻结压力也逐渐趋于稳定。冻结压力在同一监测水平大小也存在差别，在有的测点差别很大，造成井壁同一水平相同强度混凝土养护期间承受的冻结压力差别较大。

从冻结压力的测试结果可知，小于 400m 的冲积层深度最大值不超过5MPa，超过400m冻结压力最大到10MPa。这么大的压力作用在新浇注的混凝土上，持续时间贯穿整个28天养护时间，且持续增大，这种情况在地面工程混凝土结构浇注时是不曾遇到的。边养护边承压是冻结法凿井无法回避的实际问题，模拟施工现场的工作环境，研究低龄期受到渐增压力作用下混凝土的力学性能对准确掌握混凝土的实际强度、确保工程质量至关重要。

2.3 试验设计

本实验研究C70高强度和C40普通强度混凝土低龄期受到不同荷载等级压应力作用下力学性能变化规律；混凝土的动弹性模量测试及变化规律；低龄期受荷载混凝土内部微观结构变化；低温自然养护下混凝土性能。

2.3.1 试验设备及材料

2.3.1.1 自制混凝土压应力架

压应力状态下混凝土养护期间性能研究，关键是压力架的设计和加工，研制的压力架要保证混凝土试件能加载到一定应力等级，并使试件的应力在较长时间内维持一定的数值；压力架尽可能实现一个架子多个试件。根据以上要求，利用作用力与反作用力原理，设计了多个试件同时受压力作用下的压力架。压力架的材料由不锈钢板制成，通过扭力扳手拧紧螺母，从而使横梁产生挤压荷载，使压力架中的混凝土试件产生压应力。压力架每天用扭力扳手调荷载一次，使试件长期处于压应力荷载作用下。螺丝杆传给钢板的压力由以下公式确定：

$$M_t = 0.2F_n d \tag{2-1}$$

式中 M_t——扭矩，N·m；

F_n——螺丝杆的预紧力，N；

d——螺栓直径，mm。

2.3.1.2　试验材料

山东水泥厂生产的山水牌普通硅酸盐水泥 P. O. 42.5，水泥化学成分、淄博电厂产一级粉煤灰成分、莱芜钢铁公司产一级矿渣成分见表 2-2。

表 2-2　胶凝材料化学成分　（%）

材料	SiO_2	Al_2O_3	CaO	MgO	Fe_2O_3	SO_3	烧失量
水泥	22.13	5.37	65.06	1.06	2.12	5.28	1.16
粉煤灰	24.70	26.40	13.40	1.20	10.13	0.37	2.33
矿渣	31.91	9.71	37.95	8.41	3.23	—	1.62

厦门艾思欧标准砂有限公司产中国 ISO 标准砂，如图 2-1 所示。

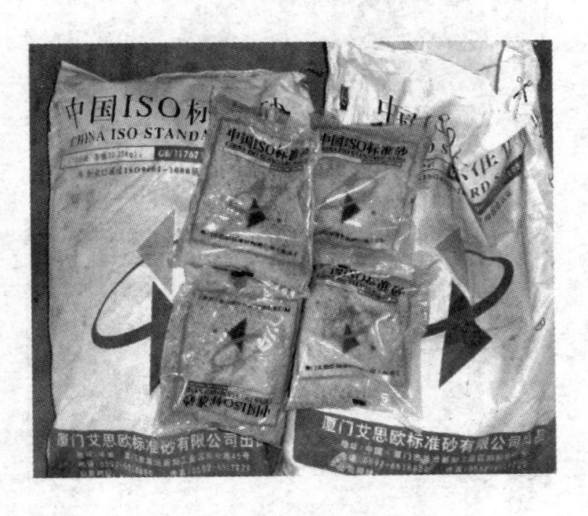

图 2-1　试验用标准砂

碎石最大粒径 10mm，堆积密度 1480kg/m^3，试验前淘洗干净，用本地自来水。试验中混凝土试件的配合比见表 2-3。

表 2－3　混凝土试件配合比设计　　(kg/m³)

混凝土强度	水灰比 *W/C*	用水量	水泥	粉煤灰	矿渣	砂	石子	减水剂
C40	0.56	175	314.87	—	—	760.00	1140.0	—
C70	0.25	162	399.0	51.3	119.7	619.0	1101.0	34.2

2.3.1.3　试验设备

无锡华南实验仪器有限公司制造 SJD60 强制式混凝土搅拌机如图 2－2 所示，天津路达建筑仪器厂产 DT－10W 混凝土动弹模仪如图 2－3 所示，无锡爱立康仪器设备公司产 AEC－201 水泥

图 2－2　混凝土搅拌机

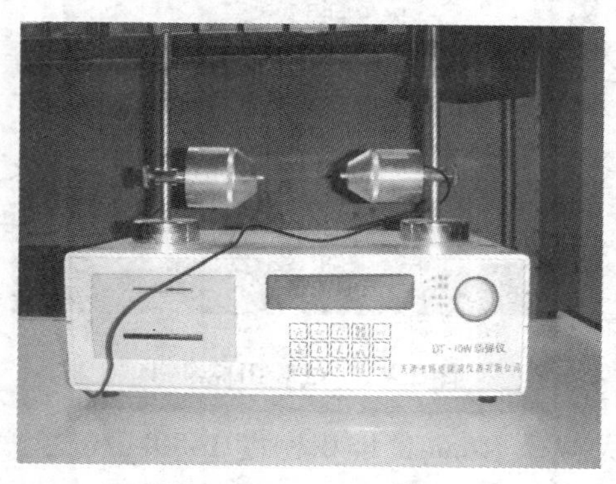

图 2－3　混凝土动弹模仪

强度抗压抗折试验机如图2-4所示，电子天平、扭力扳手如图2-5所示，无锡华南实验仪器有限公司制造HBY-90B混凝土水泥标准养护箱如图2-6所示，自制混凝土压力架如图2-7所示，山东理工大学材料科学实验室扫描电镜。

图2-4 水泥强度抗压抗折试验机

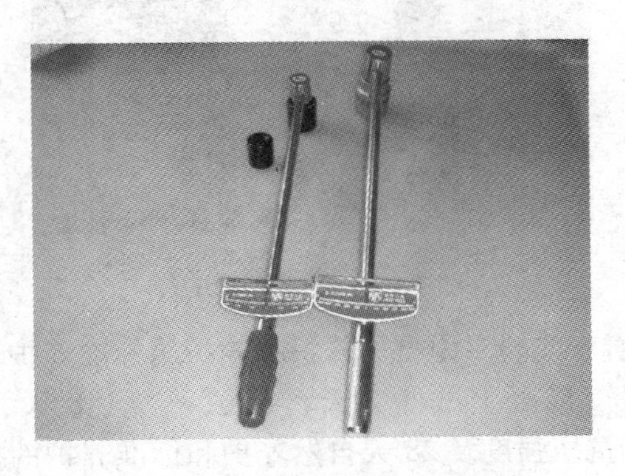

图2-5 电子天平、扭力扳手

2.3.2 试验过程

2.3.2.1 未受荷载试件强度的测试

按照混凝土配合比设计方案分别制作C40、C70混凝土试件48块，尺寸为40mm×40mm×160mm，机械搅拌、机械振捣。

图 2 – 6　混凝土养护箱

图 2 – 7　混凝土压力架

24h 脱模后置于实验室内自然养护和养护箱标准养护，分别测试两种不同强度混凝土试件 2 天、4 天、6 天、8 天、10 天、12 天、14 天的抗压强度及 28 天自然养护和标准养护的抗压、抗折强度和动弹性模量。

2.3.2.2　受压荷载试件加载过程

按照设计方案分别制作尺寸 40mm × 40mm × 160mm 的 C40、C70 混凝土试件 78 块，机械搅拌、机械振捣。把试件分为 9 组，每组 6 件试件，24h 后脱模，48h 后把 9 组试件置于压力架中，每个放置 6 块试件，用扭力扳手扭动螺栓达到调控试件所受压力。同时将12件试块放置在标准养护箱中养护，对28天混凝土试件进行扫描电镜分析；12件置于室外，试件覆盖浸湿织物模拟施工现场自然养护。试验在2008年12月进行，地点在山东理工大学土木材料实验室。试验进行的28天对温度进行测试，最低温度零下-5℃，最高温度10℃。

2.3.2.3 试件加荷依据与方法

依据巨野矿区冻结法施工井壁冻结压力的实测资料（见表2-1），对C40、C70共9组混凝土试件在浇筑48h后拆模，安放到压力架施加荷载，施加荷载的时间为龄期的2天、4天、6天、8天、10天、12天、14天，施加荷载的大小为未受荷载混凝土试件相同龄期强度值的5%、10%、15%、20%、25%、30%、35%、40%、45%。比如对C40混凝土第一组试件，在龄期2天时施加其在自然养护2天测得试件强度值5%即0.48MPa荷载并保持荷载值到2天后，即4天龄期，再调整其所受压荷载为无荷载试件4天龄期强度值5%即0.65MPa并保持，依次进行到养护龄期14天，混凝土试件在压力架保持最终压荷载状态至28天养护期结束。

2.4 测试数据与分析

2.4.1 检测指标

28天养护时间结束后，测试试块的抗压强度、抗折强度、动弹性模量，电镜扫描标准养护和加载混凝土试件。

动弹性模量计算公式如下：

$$E_d = 9.46 \times 10^{-4} \frac{WL^3 f^2}{a^4} \times K \tag{2-2}$$

式中 E_d——混凝土动弹性模量，MPa；

a——试件的边长，mm；

L——试件长度，mm；

W——试件质量，kg；

f——试件横向振动的基准频率，Hz；

K——试件尺寸修正系数，$L/a=2$，$K=1.68$；$L/a=3$，$K=1.40$；$L/a=4$，$K=1.26$。

测试数据取3个试件数据的平均值，若试件中一组数据值与其他两组数据平均值的差值超过15%，则该数值不予考虑。

2.4.2 数据分析

2.4.2.1 无荷载混凝土试件强度变化

通过混凝土抗压抗折试验机和动弹模仪测试C40、C70混凝土在无荷载自然养护不同龄期抗压强度值作为对混凝土试件施加不同比例荷载的依据，见表2－4。28Z表示28天自然养护条件；28B表示28天养护箱中标准养护条件。

表2－4 自然养护混凝土试件各龄期抗压强度 （MPa）

时间/天	2	4	6	8	10	12	14	28Z	28B
C40	11.56	15.94	19.26	24.48	28.92	32.16	35.74	42.33	46.79
C70	32.95	46.16	51.57	56.38	61.61	63.84	64.13	74.85	81.25

从表2－4可知，标准养护条件和自然养护条件混凝土试件28天强度值不同，C40相差为10.53%；C70差值10.02%；证明养护环境对混凝土强度有重要影响，自然养护条件浇注的混凝土强度比实验室标准养护条件混凝土强度值小。普通混凝土和高强混凝土在14天内强度增长快，分别达到28天强度值的84.43%和93.6%，14天龄期混凝土强度增长规律如图2－8所示。

通过Matlab7.0软件进行数值拟合，分别得到14天龄期内C40和C70混凝土强度增长的拟合曲线图和数学模型，如图2－9和图2－10所示。

C40混凝土14天龄期强度发展的数学模型：

$$P_{40}=0.012835t^3-0.35789t^2+5.014t+0.89939 \quad (2-3)$$

C70 混凝土 14 天龄期强度发展的数学模型：

$$P_{70}=-0.0090033t^4+0.31424t^3-3.9088t^2+22.7469t+0.17773 \quad (2-4)$$

式中 P_{40}——C40 混凝土抗压强度，MPa；

P_{70}——C70 混凝土抗压强度，MPa；

t——时间，天（$t\leqslant14$）。

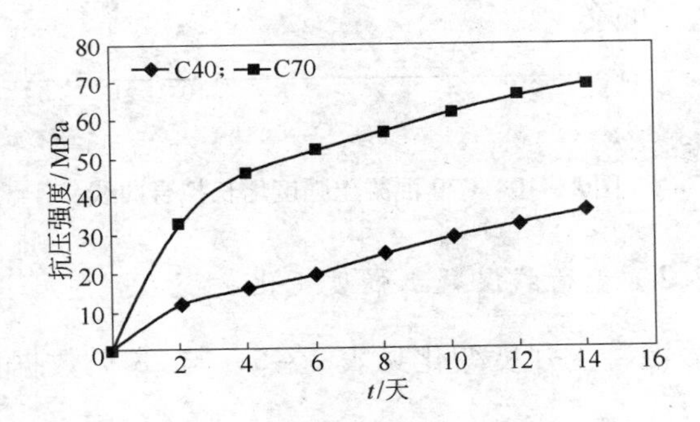

图 2-8 14 天龄期混凝土强度变化

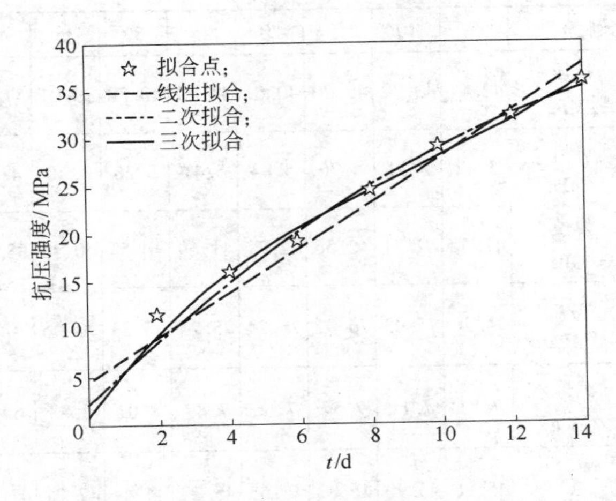

图 2-9 C40 混凝土强度增长拟合曲线

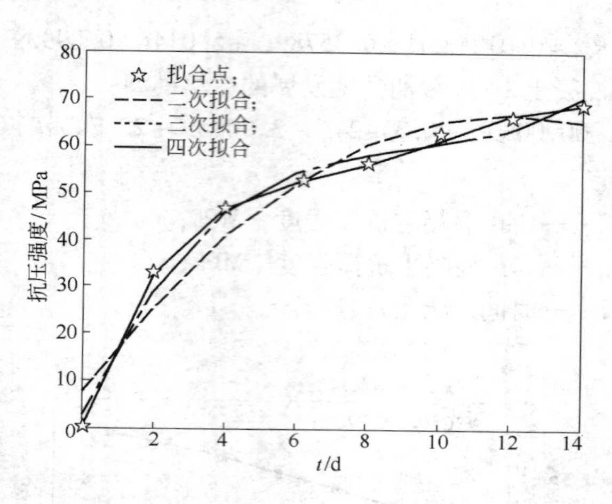

图 2－10 C70 混凝土强度增长拟合曲线

2.4.2.2 受荷载混凝土强度变化

受荷载混凝土强度变化见表 2－5，与 28 天数据比较见表 2－6。

表 2－5 不同比例荷载混凝土试件 28 天测试数据

加载比例/%		5	10	15	20	25	30	35	40	45
C40	抗压 /MPa	42.41	43.32	45.20	40.61	41.29	40.38	39.01	37.22	35.59
	抗折 /MPa	5.42	5.51	5.76	5.83	5.41	5.26	4.70	4.16	3.62
	弹模 /GPa	41.52	42.31	42.56	42.37	41.69	40.55	40.38	38.26	36.54
C70	抗压 /MPa	74.20	75.03	76.92	76.24	75.25	75.33	72.06	70.15	67.31
	抗折 /MPa	7.81	7.11	7.57	7.66	7.89	8.01	6.83	6.12	5.77
	弹模 /GPa	45.88	45.90	46.02	45.65	45.23	44.44	42.21	41.85	41.31

表 2-6 不同加载比例混凝土参数变化 (%)

加载比例		5	10	15	20	25	30	35	40	45
C40	抗压	1.4	2.3	6.8	3.0	-2.5	-4.6	-10.2	-14.4	-18.5
	抗折	2.0	3.8	4.3	3.5	3.1	-1.9	-8.9	-19.4	-29.8
	弹模	0.2	2.11	2.7	2.3	0.6	-2.1	-2.5	-7.7	-11.8
C70	抗压	0.5	1.6	4.2	3.2	2.3	-0.8	-3.8	-10.4	-14.3
	抗折	1.2	2.1	3.8	5.7	2.2	3.8	-11.5	-20.7	-25.3
	弹模	0.7	0.8	1.1	-0.7	-4.6	-6.5	-7.6	-9.6	-10.9

表 2-6 中混凝土参数变化的取值按照公式（2-5）计算：

$$\omega = \frac{R_s - R_{28Z}}{R_{28Z}} \times 100\% \qquad (2-5)$$

式中 ω——混凝土参数变化量，%；

R_s——加载养护混凝土试件测试值；

R_{28Z}——混凝土试件 28 天自然养护测试值。

从表 2-5、表 2-6 可知，养护期间受到持续渐增的压荷载作用下，两类标号混凝土的抗压、抗折强度和动弹性模量与自然养护条件相比，都出现不同程度的变化，表明在养护期间混凝土受到一定损伤。在一定的加载比例作用下，混凝土试件 28d 的抗压、抗折强度和动弹性模量有所提高，表明在混凝土养护期间承受一定的压应力荷载对混凝土性能的发展有利。C40 混凝土在 20% 加载比例内，抗压强度呈现提高趋势，提高的最大值为 6.8%，对应的加载比例 15%；C70 混凝土在 25% 加载比例内强度呈现提高，提高的最大值 4.2%，对应的加载比例 15%，但是 C70 混凝土强度提高增加值少于 C40 普通混凝土；C40 混凝土抗折强度在 25% 加载比例提高，最大提高 4.3%，对应的混凝土加载比例 15%，C70 混凝土在 30% 加载比例呈现提高，最大提高 5.7%，对应加载比例 20%，也少于普通混凝土。C40 混凝土动弹性模量在 25% 加载比例内呈现提高，最大增长量 2.7%，对应加载比例15%；C70混凝土在15%加载比例动弹性模量呈现提高，最大提高值1.1%，对应加载比例15%；两类混凝土的动弹性模量提高量较少，表明养护期加载对动弹性模量增长不显著。

混凝土试件养护期间加载比例超过一定值后，混凝土的三种力学性能呈现持续下降趋势，普通混凝土最大降幅分别为抗压强度18.5%；抗折29.8%；动弹模11.8%；高强混凝土14.3%；25.3%；10.95%。表明混凝土在超过一定加载比例后，混凝土性能受到损伤。从两类混凝土下降幅度可知，高强混凝土的抗损伤性能大于普通混凝土。利用Matlab7软件分析不同加载比例下C40、C70混凝土抗压、抗折强度和动弹性模量，如图2－11～图2－16所示。

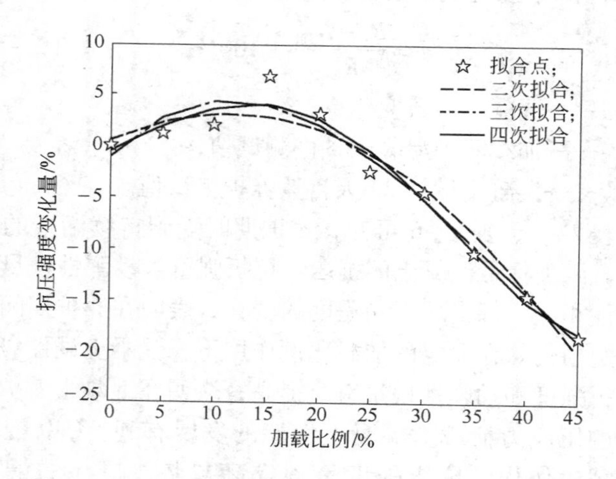

图2－11 不同加载比例C40混凝土抗压强度变化量

（1）通过误差分析，确定混凝土的抗压强度变化量数学模型为：

1）C40混凝土：

$$P_{40}=0.00046791\omega^3-0.052448\omega^2+0.45714\omega-1.0585 \tag{2-6}$$

2）C70混凝土：

$$P_{70} = -0.00014483\omega^3 - 0.010769\omega^2 + 0.45714\omega - 0.6965 \quad (2-7)$$

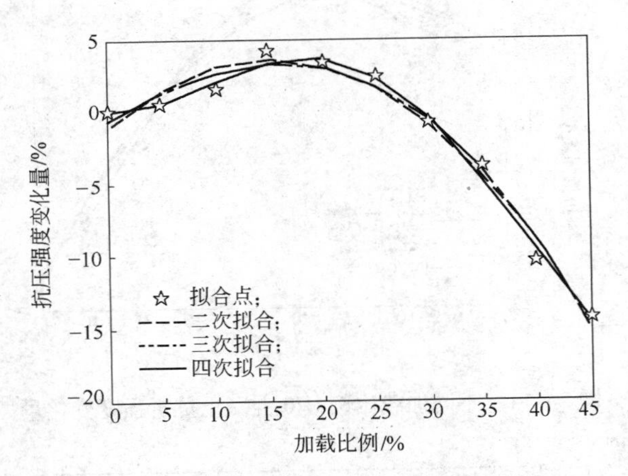

图 2-12　不同加载比例 C70 混凝土抗压强度变化量

(2) 混凝土的抗折强度变化量数学模型为:

1) C40 混凝土:

$$\varphi_{40} = -0.041\omega^2 + 1.1803\omega - 0.20364 \quad (2-8)$$

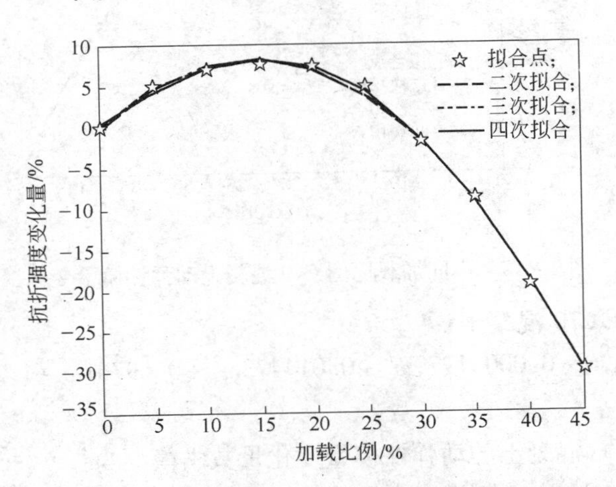

图 2-13　不同加载比例 C40 混凝土抗折强度变化量

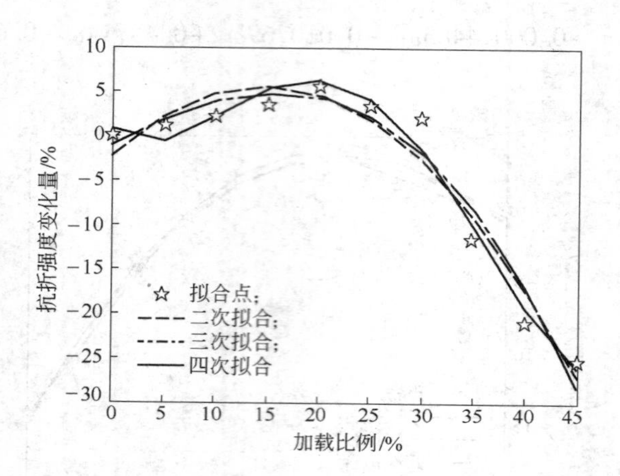

图 2-14 不同加载比例 C70 混凝土抗折强度变化量

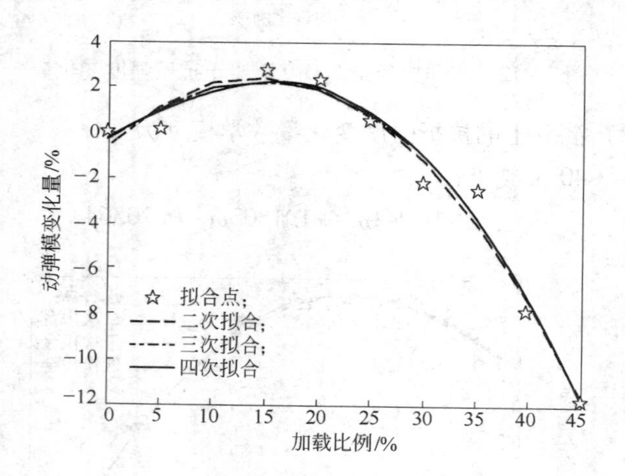

图 2-15 不同加载比例 C40 混凝土动弹性模量变化量

2）C70 混凝土：

$$\varphi_{70} = -0.00031779\omega^3 - 0.014473\omega^2 + 0.69761\omega - 1.2199 \tag{2-9}$$

（3）混凝土的动弹性模量变化量数学模型为：

1）C40 混凝土：

$$D_{40} = -0.01497\omega^2 + 0.43048\omega - 0.64 \tag{2-10}$$

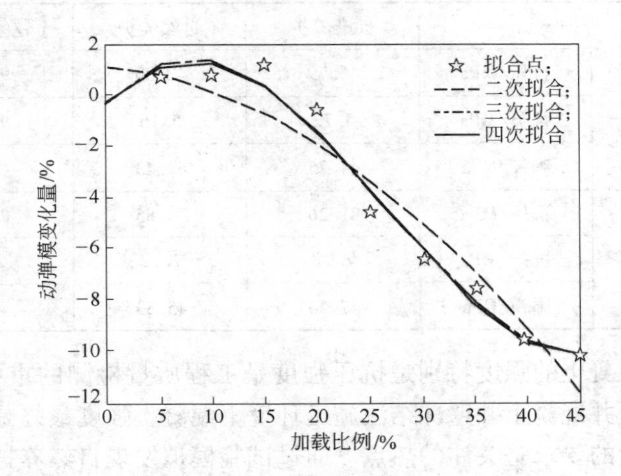

图 2-16 不同加载比例 C70 混凝土动弹性模量变化量

2）C70 混凝土：

$$D_{70} = 0.00044973\omega^3 - 0.035751\omega^2 + 0.47716\omega - 0.32755 \tag{2-11}$$

式中 ω——加载比例，%；

P_{40}——C40 混凝土抗压强度变化量，%；

P_{70}——C70 混凝土抗压强度变化量，%；

φ_{40}——C40 混凝土抗折强度变化量，%；

φ_{70}——C70 混凝土抗折强度变化量，%；

D_{40}——C40 混凝土动弹性模量变化量，%；

D_{70}——C70 混凝土动弹性模量变化量，%。

2.4.2.3 自然养护条件混凝土的性能分析

与标准养护条件相比，本次试验在自然条件养护的混凝土试件性能值出现不同程度下降，抗压强度下降值高于抗折强度，强度低的混凝土下降值大于强度高的混凝土，见表 2-7。

表 2-7 不同养护条件混凝土性能参数

养护类别		标准养护	自然养护	差值/%
C40	抗压/MPa	46.79	42.33	9.53
	抗折/MPa	5.72	5.16	9.79
	弹模/GPa	44.25	41.43	6.37
C70	抗压/MPa	81.26	74.85	8.56
	抗折/MPa	7.91	7.72	2.4
	弹模/GPa	47.54	45.33	4.65

混凝土的强度特别是抗压强度是工程质量检测的重要依据。煤矿立井混凝土井壁冻结法施工环境下混凝土强度最终是否能满足设计的要求是关注的热点。通过试验模拟发现自然养护混凝土的强度小于标准养护强度值，姚直书等人对淮南某矿建成的风井混凝土外壁的抗压强度进行钻芯取样检测，并与标准养护下抗压强度进行对比，检测数据见表 2-8。

表 2-8 混凝土标准养护与现场值对比

类别	养护龄期		
	3d	7d	28d
标准养护/MPa	32.4	41.8	52.7
实测强度/MPa	16.0	30.0	37.9
损失率/%	45.6	13.2	13.1

表 2-8 数据证明，龄期 28 天的外壁强度是同条件标准养护下的 87%，损失达到 13%，这与本试验结果具有一致性，证明混凝土外壁在长期低温环境且受到持续增加压应力条件下最终强度达不到设计规定强度。

根据表 2-6 的数据，绘出不同加载比例下混凝土力学性能和动弹模的变化如图 2-17 ~ 图 2-19 所示。

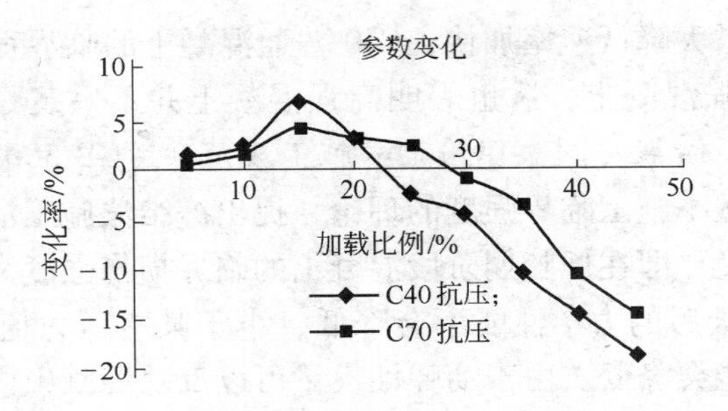

图2－17　不同加载比例抗压强度变化率

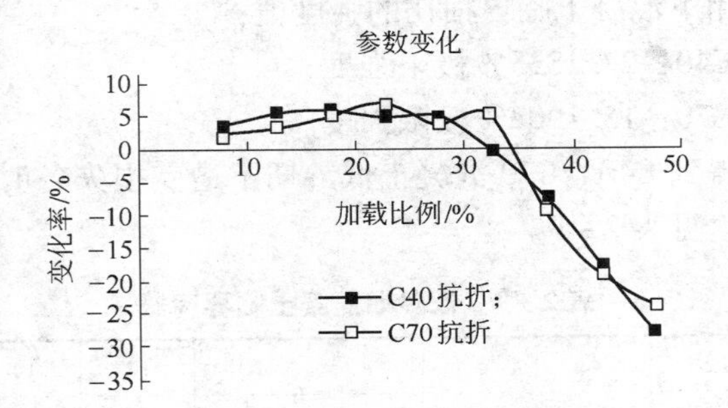

图2－18　不同加载比例抗折强度变化率

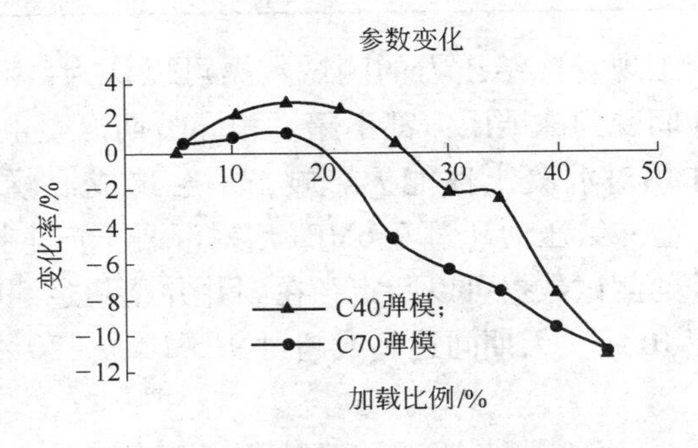

图2－19　不同加载比例动弹模变化率

从图2－17～图2－19中发现，低龄期混凝土受到不同比例加载，其力学性能存在一个临界水平，低于这个水平对混凝土的力学性能有增大作用；当超过这个水平时力学性能逐渐降低且随着荷载的增大降低速率加快；C40 普通混凝土的临界荷载水平高于 C70 高强混凝土，这也表明高强混凝土并不一定具有相应的高耐久性。借鉴《国家建筑工程施工规范》（GB 50010—2001）中混凝土冬季施工临界强度的理论，提出冻结法施工混凝土临界损伤的含义，即在低龄期阶段混凝土的临界损伤强度大于某一压力值，28 天后的力学性能不会降低、小于某一压力值，28 天后的力学性能会降低。由于动弹性模量可以反映混凝土内部的损伤情况，对式（2－10）、式（2－11）求解，得到养护期间受压应力荷载作用下混凝土临界损伤的强度值：

（1）C40：27. 1835% 极限强度；

（2）C70：15. 1902% 极限强度。

由此得到 C40、C70 混凝土低龄期不遭受损失各时间段压力的最大值，见表 2－9。

表 2－9 低龄期混凝土临界荷载 （MPa）

时间/天	2	4	6	8	10	12	14	28
C40	3. 144	4. 336	5. 239	6. 659	7. 866	8. 748	9. 721	12. 727
C70	5. 008	7. 016	7. 839	8. 570	9. 365	9. 704	9. 748	12. 35

根据施工现场冻结压力的测试数据可以认为：对 C40 混凝土，养护期间受到冻结压力都不超过相同龄期混凝土临界强度，冻结压力作用对混凝土性能无影响，不会造成混凝土的损伤；C70 混凝土在冻结压力超过 9. 6MPa 后对混凝土产生损伤。结合某矿区副井的测试数据可以断定：在副井井壁超过 500m 深度冻结压力值在 10 ~ 14 天期间达到或超过 9. 6MPa，C70 混凝土受到损伤。

2. 4. 3 混凝土强度变化的影响因素

2. 4. 3. 1 施加荷载对强度影响

对混凝土力学性能有影响的微观缺陷主要是混凝土中的孔

隙、微裂缝和集料与水泥石间的界面过渡区。当新浇注混凝土承受外部荷载时，这些荷载只能由混凝土中的固相部分承担，因此，混凝土的强度取决于混凝土中固相的填充程度，即混凝土的强度取决于气孔率。混凝土的填充率越高，气孔率越低，强度越高。目前，混凝土的强度与气孔率的关系还没有一个科学的定量描述。但由于新浇注混凝土水泥还未与水充分水化，未形成具有强度的凝胶体，在受到荷载的情况下容易形成微裂纹。从实验数据可知，在一定加载比例内，如试验中 C40 在 10% 加载比例内、C70 在 20% 加载比例内，混凝土养护期间受到荷载对其 28 天强度增长有力，高于不加载的试件。周治安通过对淮南部分煤矿井壁的实际调查也认同这一观点。其原因是在养护期间水泥颗粒与水的化学作用进展速度是决定其强度的一个重要因素；一定压力作用促进水分在混凝土中的传输，从而促进了水化反应的速度；另外，早期新浇注的混凝土中孔隙、空气、孔洞较多，在一定压力作用下促使孔隙、空气、孔洞溢出或减少，提高了密实性。两方面原因致使混凝土在一定时间内表现为强度的增加。

但随着施加压荷载的加大，新浇注混凝土中承受较大的压应力超过凝胶体的抗压强度，形成微裂纹且加剧发展，最终表现为混凝土强度下降。矿区副井在 -500m 范围内混凝土在 10 天内的冻结压力达到 10MPa，相当于加载比例的 20%，因此，这一部分的混凝土井壁在养护期间就受到损伤，对其后期强度和耐久性不利。

混凝土中微裂纹的存在是导致强度低于理论强度的一个重要原因。混凝土的破坏常常是从微裂纹开始的。在外力作用下，微裂纹不断扩展，并互相贯通连接，形成裂纹网络，使混凝土破坏。裂纹与应力的关系可以从下面公式看出：

$$\sigma = \sqrt{\frac{2E\gamma}{\pi C}} \tag{2-12}$$

式中 σ——断裂应力；

E——弹性模量；

γ——单位面积材料表面能；

C——裂纹长度。

从式（2－12）中可以发现断裂应力与裂纹长度的平方根成正比，裂纹越长，断裂应力越大。界面过渡区对混凝土力学性能的影响表现在两方面：一是由于界面过渡区黏结性能较低，常常成为裂纹扩展的最佳途径，使裂纹易于贯通导致混凝土破坏；二是影响集料作用发挥。混凝土的性能是水泥石与集料的共同贡献，而集料的作用通过界面传递给水泥石。界面过渡区性能过低，集料的作用不能传递，使集料的作用不能得到充分发挥。因此改善界面过渡区的性能对提高混凝土的力学性能有重要意义。

2.4.3.2 养护条件对混凝土性能影响

养护是改善水泥水化的步骤和条件，目的是使混凝土保持或尽可能接近饱和状态，使水化作用达到最大的速度，得到更高强度的混凝土；不同的养护条件使结构的抗裂能力成倍变化，不当养护则会造成强度损失。影响养护的因素包括时间、环境温度和湿度。当水灰比一定，硬化水泥浆体的孔隙率决定于水泥的水化程度。在常温下，水泥遇水立即开始水化，但当水化产物包裹未水化水泥颗粒时，其水化反应显著减慢。水泥的水化只有在饱和条件下方能进行。当毛细管中水蒸气压力降至饱和湿度的80%时，水泥水化几乎停止。因此，养护时间和湿度是影响水泥水化程度的重要因素。

养护温度的升高加速水泥的水化反应，对混凝土水化起加速作用，对早期强度有利。可是若浇注和凝结期间的温度较高，虽然能使早期混凝土强度提高，但对后期混凝土强度增长不利。这一观点被英国的 Verbek 和 Helmuth 所证实，他们认为较高温度下水化速率的加快减缓了此后的水化速率，且在水泥浆体内部产生了不均匀分布的水化物，对混凝土强度产生不利影响。试验表明，温度在4～23℃下养护28天的试件，其强度全高于在32～49℃下养护的试件强度。矿区副井内壁与外壁均属于大体积混凝土浇筑，现场测试的混凝土内部温度达到70℃，也是导致混凝土强度降低、损伤的外部原因。

文献［83］、［84］对高强混凝土和普通混凝土在负温下强度发展进行的研究认为，负温下混凝土强度是养护龄期和温度的函数，其关系如下：

$$t = 2.70 - \frac{P - p}{1.79 a \lg T} \tag{2-13}$$

式中 t——混凝土养护温度，℃；
P——混凝土强度值，MPa；
T——龄期，天；
p——混凝土一天龄期强度值，MPa。

2.4.3.3 电镜扫描分析

通过扫描电镜观察混凝土内部结构的变化状况，如图2－20～图2－23所示。

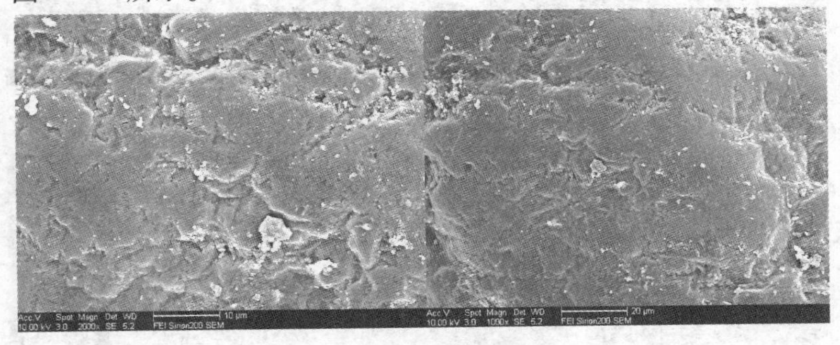

图2－20 C40自然养护28天扫描图片

通过分析图2－20～图2－23发现，养护期间受到持续增加30%的压应力荷载作用，混凝土内部的微裂纹数量增多，从图片发现微裂纹集中在界面过渡区，即粗骨料与凝胶体的交界面，C40微裂纹数量多于C70。扫描图片表明混凝土受到一定程度的损伤，动弹性模量测试数据证明混凝土试件内部损伤。微裂纹的存在是混凝土损伤演变的前提，混凝土中宏观裂缝也是从微观裂

图 2 - 21　C40 30% 加载 28 天扫描图片

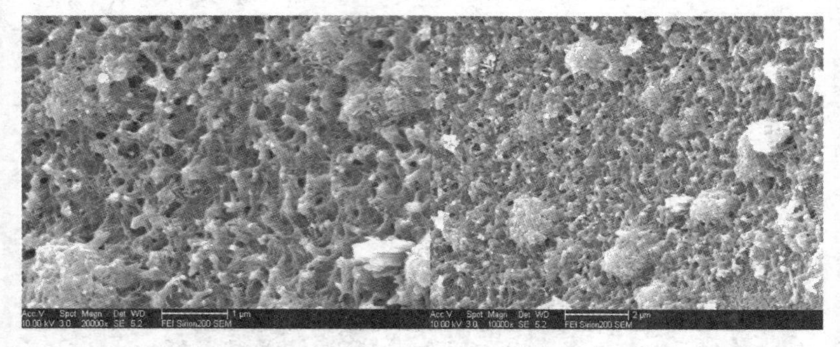

图 2 - 22　C70 28 天自然养护扫描图片

图 2 - 23　C70 30% 荷载结构 28 天扫描图片

纹发展变化而来的。冻结法凿井混凝土井壁裂缝明显多于钻井法凿井，导致井壁耐久性降低，其特殊的施工环境和工艺也是一个重要诱因。

2.5 本章小结

本章分析了巨野矿区冻结施工中外壁混凝土受压力的变化规律，通过设计的试验，研究冻结法施工环境条件下 C40 普通混凝土与 C70 高强混凝土在低龄期内承受不同压力荷载作用下的力学性能，并与自然条件养护混凝土试件和养护箱标准养护试件进行比较，得到如下结论：

(1) 低龄期受持续增长压荷载作用，普通和高强混凝土的强度和动弹性模量都出现不同幅度变化。在一定加载比例内，养护期受到压应力作用对普通与高强混凝土的力学性能增长有利。压应力超过一定比例后，混凝土的力学性能受损，其中抗压强度损失最大，抗折强度损失较小。提出临界荷载水平的概念，对于 C40 普通混凝土压力超过极限强度 27.1835%、C70 高强混凝土超过极限强度 15.1902% 时混凝土内部将受到损伤。

(2) 扫描电镜观察加载混凝土试件的内部结构发现，受到压应力作用的混凝土裂纹数量明显增多，微裂纹集中在界面过渡区，对混凝土后期强度发展不利，微裂纹的存在降低了混凝土的耐久性，为混凝土在长期服役期间耐久性降低埋下隐患。

(3) 研究了普通混凝土与高强混凝土 14 天龄期的抗压强度发展规律，通过 Matlab 软件拟合得出其强度增长的数值模型。高强混凝土 14 天龄期强度发展快，达到 28 天强度的 90% 以上，普通混凝土 14 天龄期强度增长较快，达到 28 天强度值的 80% 以上。分析不同加载比例与混凝土的抗压强度、抗折强度、动弹性模量的关系，建立了不同加载比例混凝土抗压、抗折、动弹性模量关系的数学模型。

(4) 为保证混凝土立井外壁的安全，避免混凝土在低龄期受到冻结压力的作用导致产生的井壁破裂和损伤，设计中应采用改变混凝土配合比设计、加入外加剂等措施提高混凝土早期强度，确保不同时间段混凝土的抗压强度超过临界荷载水平。

3 盐害环境井壁混凝土腐蚀机理与损伤规律

3.1 引言

钢筋混凝土结构是目前煤矿立井井壁的基本结构形式。长期以来，人们普遍认为钢筋混凝土是耐久性能优良的工程材料，忽视了混凝土的耐久性问题。文献［2］通过对黄淮地区井壁破裂原因的调查认为，井壁钢筋混凝土腐蚀破坏的可能性存在、腐蚀破坏在井筒破裂原因分析中是不容忽视的重要因素，提出应当加强对井壁混凝土在腐蚀现象、条件、腐蚀方式、机理等混凝土内部强度变化规律问题的研究；文献［3］调查认为井壁钢筋存在不同程度的锈蚀，提出立井高强混凝土井壁设计时应当考虑外界环境的侵蚀影响，提高混凝土的耐久性。

巨野矿区地下水含量丰富，水中及土壤中富含硫酸盐、氯盐、碳酸氢盐等对混凝土具有腐蚀破坏的盐类物质。2008 年山东鲁南地质勘察院对某煤矿的地下水质进行检测，检测的结果见表 3－1。

表 3－1　某煤矿水质分析

分析项目 $B^{Z\pm}$		$\rho(B^{Z\pm})$ /mg·L^{-1}	$C(1/zB^{Z\pm})$ /mmol·L^{-1}	$X(1/zB^{Z\pm})$ /%
阳离子	K^+	21.75	0.556	1.16
	Na^+	611.32	26.591	55.46
	Ca^{2+}	290.26	14.484	30.21
	Mg^{2+}	74.71	6.148	12.82
	NH_4^+	2.30	0.128	0.27
	Fe^{3+}	0.60	0.032	0.07
	Fe^{2+}	0.10	0.004	0.01
	总计	1001.04	47.942	100.00

续表 3-1

分析项目 $B^{Z\pm}$		$\rho(B^{Z\pm})$ /mg·L^{-1}	$C(1/zB^{Z\pm})$ /mmol·L^{-1}	$X(1/zB^{Z\pm})$ /%
阴离子	Cl^-	331.74	9.357	20.09
	SO_4^{2-}	1601.51	33.344	71.60
	HCO_3^-	227.37	3.726	8.00
	CO_3^{2-}	0.00	—	—
	F^-	2.60	0.137	0.29
	NO_2^-	<0.008	—	—
	NO_3^-	0.24	0.004	0.01
	PO_4^{3-}	<0.04	—	—
	总计	2163.47	46.568	100.00

从表 3-1 中可以看出，该煤矿地下水及土壤中所含的各类化学物质中，HCO_3^-、SO_4^{2-}、NH_4^+、Cl^-、Mg^{2+} 对混凝土有腐蚀作用，且硫酸盐含量超过国家标准（国家标准见表 3-2），属于严重盐害腐蚀，是典型的盐害环境。更为严重的是随着环境污染的加重和治理力度的落后，盐类的含量有继续增加的趋势。文献[86]认为煤矿的开采活动使原来的还原环境改变为氧化环境，促使黄铁矿等残留在煤体中的金属硫化物在地下与氧气产生氧化作用，生成大量的硫酸根离子，导致地下水盐离子含量随煤炭的开采增加，黄铁矿氧化反应化学方程式如下：

$$2FeS_2 + 7O_2 + 2H_2O \longrightarrow 2Fe^{2+} + 4SO_4^{2-} + 4H^+$$

$$12FeSO_4 + 6H_2O + 3O^{2-} \longrightarrow 4Fe(OH)_3 + 8Fe^{2+} + 12SO_4^{2-}$$

$$6H_2O + 12Fe^{2+} + 3SO_4^{2-} \longrightarrow 4Fe(OH)_3 + 4H^+ + 3SO_4^{2-}$$

表 3-2 水、土中硫酸盐含量和腐蚀等级

作用等级	水中 SO_4^{2-} 浓度 /mg·L^{-1}	土中 SO_4^{2-} 浓度 /mg·kg^{-1}	水中 Mg^{2+} 浓度 /mg·L^{-1}	水中酸碱度（pH 值）
中度腐蚀	200~1000	300~1500	300~1000	6.5~5.5
严重腐蚀	1000~4000	1500~1600	1000~3000	5.5~4.5
非常严重腐蚀	4000~10000	6000~15000	≥3000	<4.5

反应产生大量的硫酸根离子，使矿井水的 pH 值下降，腐蚀

环境恶化。该煤矿井壁混凝土（包括主、副、风井）的水泥均采用山东鲁南水泥厂生产的盖泽牌 P. O. 42. 5 级普通硅酸盐水泥，对盐害侵蚀无抵抗作用。立井井壁混凝土服役时间 70 年，长期处于盐害环境中遭受侵蚀作用，必定导致混凝土的劣化和强度降低，最终危害井壁安全。因此研究矿区有害盐类对钢筋混凝土井壁的侵蚀作用机理，为以后同类环境条件的井壁设计提供借鉴是非常必要的。

3. 2 盐害侵蚀混凝土机理分析

3. 2. 1 混凝土的化学成分

混凝土是由胶凝材料、砂、石和水经搅拌振捣形成的人工建设材料，其中的胶凝材料用量最多的是水泥，按照其成分和用途不同，包括硅酸盐水泥、掺和料硅酸盐水泥（含普通、矿渣、粉煤灰和火山灰等）、铝酸盐水泥、膨胀水泥等。在矿山井壁混凝土结构中用量最多的是硅酸盐水泥，又称波特兰水泥。该水泥熟料（粉状）的主要成分为：

硅酸三钙（$3CaO \cdot SiO_2$，简写为 C_3S），含量 37% ~60%；

硅酸二钙（$2CaO \cdot SiO_2$，简写为 C_2S），含量 15% ~37%；

铝酸三钙（$3CaO \cdot Al_2O_3$，简写为 C_3A），含量 7% ~15%；

铁铝酸四钙（$4CaO \cdot Al_2O_3 \cdot Fe_2O_3$，简写为 C_4AF），含量 10% ~18%。

上述四种矿物中硅酸钙（包括硅酸三钙、硅酸二钙）是主要的，占 70% 以上。这些矿物是依靠水泥原料中提供的 CaO、SiO_2、Fe_2O_3、Al_2O_3 等氧化物在高温下互相进行化学作用而形成的。

硅酸盐水泥熟料与水发生反应形成水化物并放出一定的热量，反应化学式如下：

$$2(3CaO \cdot SiO_2) + 6H_2O = 3CaO \cdot 2SiO_2 \cdot 3H_2O + 3Ca(OH)_2$$

$$2(2CaO \cdot SiO_2) + 4H_2O = 3CaO \cdot 2SiO_2 \cdot 3H_2O + Ca(OH)_2$$

$$3CaO \cdot Al_2O_3 + 6H_2O = 3CaO \cdot Al_2O_3 \cdot 6H_2O$$

$$4CaO \cdot Al_2O_3 \cdot Fe_2O_3 + 7H_2O = 3CaO \cdot Al_2O_3 \cdot 6H_2O + CaO \cdot Fe_2O_3 \cdot H_2O$$

从上述反应式中可以看出，生成的水化产物主要有：

（1）水化硅酸三钙 C—S—H（$3CaO \cdot 2SiO_2 \cdot 3H_2O$），含量 50% ~60%；是一种凝胶状的细微粒子，对水泥的凝结硬化性能和强度起很大作用。C—S—H 的比表面积 100 ~ 700m^2/g，内部凝胶空隙尺寸 1.8μm。

（2）氢氧化钙 $Ca(OH)_2$，含量 20% ~25%；比表面积小，对强度影响小，易溶，化学稳定性差。

（3）水化铝酸三钙 $3Ca \cdot Al_2O_3 \cdot 6H_2O$，含量 12%。

（4）水化铁酸钙 $CaO \cdot Fe_2O_3 \cdot H_2O$，含量 5%。

此外还含 Al^{3+}、SO_4^{2-} 等非晶质的物质。从水泥水化形成水泥石的过程可以看出，混凝土是一个复杂的多相混合物，包括固态、液态、气态三相。另外，由水泥石中的游离水造成的大量含水微孔，及凝结硬化过程中各组分体积不均匀变化引起的应力集中造成的微观裂纹，是混凝土复合材料基体的一个显著的材料内部结构特征。各种水泥熟料矿物水化特性见表 3 – 3。

表 3 – 3 各种水泥熟料矿物基本特性

名称	水化反应	水化放热	强度	耐化学侵蚀	干缩
硅酸三钙	快	大	较高	中	中
硅酸二钙	慢	小	早期低，后期高	良	中
铝酸三钙	最快	最大	低	差	大
铁铝酸四钙	快	中	较低	优	小

3.2.2 硫酸盐侵蚀机理

混凝土中的水泥发生化学反应后形成的水泥石，主要是由水化硅酸三钙和水化铁酸钙两种凝胶及氢氧化钙等晶体固相组成，是一种复杂的混合物。其中，氢氧化钙约占总量的25%；此外，水泥中还含有K_2O、Na_2O等碱金属氧化物杂质，这些氧化物水化生成KOH和NaOH。所以，混凝土的基体本身就是一种高碱性的混合物，硫酸盐对混凝土的侵蚀，是混凝土耐久性研究中较复杂的一类，不仅包括化学腐蚀，还有物理结晶破坏。

3.2.2.1 *石膏型硫酸盐侵蚀*

在低pH值（pH小于10.5）、硫酸根离子浓度大于1000mg/L条件下发生。混凝土内部存在大量贯通毛细管，环境水中的硫酸盐（以Na_2SO_4表示）通过毛细孔进入混凝土内部与$Ca(OH)_2$反应生成石膏，化学式如下：

$$Ca(OH)_2 + Na_2SO_4 + 2H_2O \longrightarrow CaSO_4 \cdot 2H_2O + 2NaOH$$

在流动的水中，反应可不断进行；在不流动的水中，达到化学平衡，一部分以石膏析出。在水泥石内部形成的二水石膏体积增大1.24倍，使水泥石因内应力过大破坏。外观表现为硬化水泥石成为无黏结性的颗粒状物质，逐层剥落，导致集料外露，没有粗大裂纹但遍体溃散，导致强度降低。

石膏型硫酸盐侵蚀在干湿交替环境或空气与水接触的临界面处破坏最为严重。在毛细管张力作用下，盐溶液被提升的高度可由Young - Laplace公式计算：

$$h = \frac{2\delta\cos\theta}{\Delta\rho g r} \tag{3-1}$$

式中 h——液面上升高度，m；

δ——溶液表面张力，N；

θ——液面与固体面切平面夹角；

$\Delta\rho$——毛细管内外物体密度差，kg/m^3；

g——重力加速度，取$9.8m/s^2$；

r——毛细管半径，m。

由式（3-1）可以看出，盐溶液混凝土内部上升的高度与溶液的表面张力成正比，与毛细孔的半径成反比。

3.2.2.2　钙矾石型硫酸盐侵蚀

在高 pH 值(大于 12)、硫酸根离子浓度小于 1000mg/L 条件下发生，硫酸根离子与水泥熟料矿物水化生成水化铝酸钙和水化单硫铝酸钙反应，生成水化三硫铝酸钙(又称钙矾石)：

$$3CaO \cdot Al_2O_3 \cdot CaSO_4 \cdot 18H_2O + 2CaSO_4 + 14H_2O = 3CaO \cdot Al_2O_3 \cdot 3CaSO_4 \cdot 32H_2O$$

$$4CaO \cdot Al_2O_3 \cdot 19H_2O + 3CaSO_4 + 4H_2O \longrightarrow 3CaO \cdot Al_2O_3 \cdot 3CaSO_4 \cdot 32H_2O + Ca(OH)_2$$

侵蚀过程分为 3 个阶段：

(1) SO_4^{2-} 从水泥基材料外部向内部扩散和水泥基材料孔隙溶液中 $Ca(OH)_2$ 逐渐向内部溶出。

(2) 钙矾石的形成。

(3) $Ca(OH)_2$ 消耗完毕，可溶性碱的生成维持着水泥石的高碱度和水化硅酸三钙的稳定性。

反应生成的钙矾石一般为小的针状或片状晶体(见图 3－1)，钙矾石的溶解度极低，沉淀结晶出来。由于它结合了大量水分子，结晶产生很大的结晶压力，加之又是针状晶体，在水泥石内部引起内应力，使混凝土膨胀开裂。一般认为钙矾石的生成使体

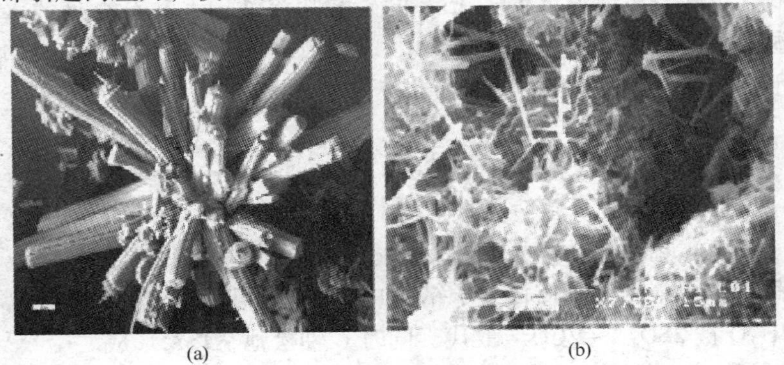

(a)　(b)

图 3－1　钙矾石 EMS 图片

(a) 放大 2000 倍；(b) 放大 1000 倍

积至少增加了1.5倍以上，导致膨胀应力的产生，使混凝土开裂破坏，混凝土的开裂又使硫酸根离子更容易渗透到混凝土内部，产生恶性循环。其破坏特点是试件（或结构物）破坏从棱角处开始，表面出现少数较粗大的裂缝，如图3-2所示。

(a)

(b)

图3-2 腐蚀开裂的混凝土试件

（a）棱柱体试件破坏；（b）立方体试件破坏

3.2.2.3 碳硫硅钙石型硫酸盐侵蚀

碳硫硅钙石型硫酸盐侵蚀，简称TSA，在pH值大于10.5、有水存在且环境温度低于15℃的硫酸盐溶液中，并有充足的水源和碳酸盐的环境，腐蚀产物出现碳硫硅酸钙。化学反应式如下：

$$Ca^{2+} + SO_4^{2-} + CO_3^{2-} + [Si(OH)_6]^{2-} + 12H_2O \longrightarrow Ca_3[Si(OH)_6(CO_3)(SO_4)] \cdot 12H_2O$$

TSA的生成机制，目前存在3种观点：

（1）拓扑化学离子交换反应机制，在较低温度和存在水或者潮湿环境中，钙矾石分子结构中Al^{3+}被Si^{4+}取代，$3SO_4^{2-}$ + $2H_2O$被$2SO_4^{2-}$ + $2CO_3^{2-}$取代，同时C轴松弛，TSA形成。

（2）溶液反应机制，溶解在水中的SO_3^{2-}、SO_4^{2-}、CO_3^{2-}和Ca^{2+}、OH^-在适宜的位置随机析出，反应式如下：

$$3Ca^{2+} + SO_3^{2-} + SO_4^{2-} + CO_3^{2-} + 15H_2O \longrightarrow CaSO_3 \cdot CaSO_4 \cdot CaCO_3 \cdot 15H_2O$$

（3）择优取向成核生长机制，Kohle 认为由于 TSA 和钙矾石结构相似，具有在钙矾石表面择优取向成核生长的趋势。

碳硫硅钙石硫酸盐侵蚀直接破坏 C—S—H 凝胶，表现为硬化水泥石成为无黏结性的烂泥状物质，由表及里，集料脱落，使水泥石变为糊状，成为无黏结的物质，严重降低混凝土的强度。

3.2.3 硫酸盐在混凝土中渗透扩散分析

硫酸根离子在混凝土中的渗透扩散遵循 Fick 定律，建立立井井壁混凝土中硫酸根离子扩散反应方程，首先作如下假定：盐离子沿一个方向进行一维扩散渗透；混凝土为均匀材料，其内部所含的空隙一定，不随时间变化；硫酸根离子自由扩散，传输不受地下水中其他化学物质的影响；硫酸根离子对混凝土的破坏是生成钙矾石引起的结晶膨胀，不考虑其他破坏类型。

Fick 定律一维扩散形式：

$$\frac{\partial c}{\partial t} = D\frac{\partial^2 c}{\partial x^2} \tag{3-2}$$

混凝土井壁中硫酸根离子与铝酸根离子的变化可参考下式：

$$\frac{\mathrm{d}c_s}{\mathrm{d}t} = -kc_s c_a \tag{3-3}$$

$$\frac{\mathrm{d}c_a}{\mathrm{d}t} = -\frac{kc_s c_a}{\lambda} \tag{3-4}$$

将式(3-3)代入式(3-2)得

$$\frac{\partial c_s}{\partial t} = D\frac{\partial^2 c_s}{\partial x^2} - kc_s c_a \tag{3-5}$$

整理得：

$$\frac{\partial(c_s - \lambda c_a)}{\partial t} = D\frac{\partial^2 c_s}{\partial x^2} \tag{3-6}$$

考虑到钙含量与混凝土内部铝酸根离子具有相关性，与时间因素有关，与距离 x 无关，引入变量 $Z=c_s-\lambda c_a$，得到：

$$\frac{\partial Z}{\partial t}=D\frac{\partial^2 Z}{\partial x^2} \tag{3-7}$$

整理后得：

$$\frac{\partial c_s}{\partial t}=D\frac{\partial^2 c_s}{\partial x^2}-\frac{kc_s(c_s-Z)}{\lambda} \tag{3-8}$$

展开得：

$$\frac{\partial c}{\partial t}=D\frac{\partial^2 c}{\partial x^2}-\frac{kc^2}{\lambda}+\frac{kcZ}{\lambda} \tag{3-9}$$

由于 Fick 定律公式中的扩散系数 D 与溶液的浓度变化有关，盐害离子侵蚀混凝土，与混凝土中的物质进行化学反应，导致盐害溶液离子浓度变化，因而 D 也是时间的函数，公式可修改为：

$$\frac{\partial c}{\partial t}=D_s\frac{\partial^2 c}{\partial x^2}-\frac{kc^2}{\lambda}+\frac{kcZ}{\lambda} \tag{3-10}$$

式中 c——溶液浓度；
x——混凝土井壁内的计算点距离混凝土表面的距离；
t——扩散时间；
c_s——混凝土中硫酸根离子浓度；
c_a——混凝土中铝酸钙离子浓度；
D——不考虑时间因素的扩散系数，为定值；
D_s——考虑时间因素的扩散系数，是时间的函数；
k，λ——系数；
Z——引入的变量。

3.2.4 镁盐侵蚀机理

硫酸镁的侵蚀比硫酸钾、硫酸钠、硫酸钙更为严重。因为硫酸镁除了上述钙矾石膨胀外，还能与水中硅酸盐矿物水化生成的水化硅酸钙凝胶反应，使其分解。反应如下：

$$Ca(OH)_2+MgSO_4+2H_2O=\!=\!=CaSO_4\cdot 2H_2O+Mg(OH)_2$$

$Mg(OH)_2$ 的溶解度低，沉淀出来，因此该反应可不断进行。

由于反应消耗 $Ca(OH)_2$，破坏了水泥石固相成分与环境介质间的化学平衡，使水化硅酸钙分解释放出 $Ca(OH)_2$，供反应继续进行：

$$3CaO \cdot 2SiO_2 \cdot nH_2O + 3MgSO_4 + mH_2O \longrightarrow$$
$$3(CaSO_4 \cdot 2H_2O) + Mg(OH)_2 + 2SiO_2 \cdot (m+n-3)H_2O$$

硫酸镁能使硅酸盐矿物水化生成的水化硅酸钙凝胶处于不稳定状态，分解出 $Ca(OH)_2$，破坏水化硅酸钙的胶凝性，导致混凝土强度降低。镁盐对混凝土的侵蚀在外观上没有石膏型和钙矾石型侵蚀明显，这种破坏是潜在的和连续的，由于无明显外观变化，后果会更加严重，一旦发生即快速发展。

3.2.5 盐害结晶侵蚀机理

水泥基材料的盐害侵蚀，还存在一种盐类析晶型侵蚀。当环境温度或者相对湿度发生反复变化时，且侵蚀溶液中存在有钠、镁、硫酸根离子，析晶侵蚀发生，外观有明显的盐类结晶出现，化学反应式如下：

$$Na_2SO_4 + 10H_2O \longrightarrow Na_2SO_4 \cdot 10H_2O$$
$$MgSO_4 + 7H_2O \longrightarrow MgSO_4 \cdot 7H_2O$$
$$NaCl + 2H_2O \longrightarrow NaCl \cdot 2H_2O$$

此类侵蚀对混凝土产生两种破坏。一是结晶压力造成水泥基材料破坏，导致裂纹的生成和发展；二是结晶水变化导致的体积膨胀，当膨胀产生的拉应力超过水泥基材料的极限拉应力时，水泥石内部就会产生裂纹。如水化铝酸钙生成的钙矾石，发生很大的体积膨胀，计算如下：

水化铝酸钙的密度：$P_{c3a} = 3.04g/cm^3$，摩尔质量 $M_{ettr} = 270.2g/mol$

每摩尔所含物质的体积为：$Mol_{volettr} = \frac{270.2}{3.04} = 88.8cm^3/mol$

钙矾石的密度：$P_{ettr} = 1.75g/cm^3$，摩尔质量 $M_{ettr} = 1254.6g/mol$

每摩尔所含物质的体积为：$Mol_{volettr} = \frac{1254.6}{1.75} = 716.9cm^3/mol$

结果为：$\frac{716.9}{88.8}=8$

钙矾石体积是水化铝酸钙体积的 8 倍，导致硬化混凝土开裂。部分盐类结晶体积膨胀值见表 3－4。

表 3－4　部分结晶化合物膨胀率

名　称	结晶物	转换温度/℃	膨胀率/%
NaCl	$NaCl \cdot 2H_2O$	－0.15	130
Na_2CO_3	$Na_2CO_3 \cdot 10H_2O$	33.0	148
Na_2SO_4	$Na_2SO_4 \cdot 10H_2O$	32.3	315
$MgSO_4 \cdot H_2O$	$MgSO_4 \cdot 6H_2O$	73.0	145
$MgSO_4 \cdot 6H_2O$	$MgSO_4 \cdot 10H_2O$	47.0	110

盐类体积膨胀产生的结晶压力超过混凝土抗拉强度，从而导致混凝土材料的破坏，Correns 给出计算结晶压的公式如下：

$$p = \frac{RT}{V_s}\ln\frac{c}{c_s} \tag{3-11}$$

式中　p——晶体产生的结晶压，MPa；

R——气体常数，8.3145J/(mol · K)；

T——绝对温度，K；

V_s——固体盐晶体的摩尔体积，L/mol；

c——现有溶液浓度，mol/L；

c_s——饱和溶液浓度，mol/L。

部分结晶化合物产生的结晶压力见表 3－5。

表 3－5　结晶化合物的结晶压力　　(atm/mol)

名　称	8℃	50℃
$MgCl_2 \cdot 6H_2O$	119	142
$MgSO_4 \cdot 7H_2O$	105	125
$Na_2SO_4 \cdot 10H_2O$	72	83
$NaCl \cdot 2H_2O$	554	654

注：1atm＝101.325kPa。

由表3－5可知，一些盐类结晶产生巨大的结晶压力，足以将混凝土拉裂破坏。如果昼夜温差大，结晶反应剧烈，图3－3所示为试验过程中昼夜温差大情况混凝土试件结晶状况。文献[99]、[100]经过试验研究认为在氯化钠和硫酸钠溶液中盐结晶造成的混凝土试件膨胀剥落破坏随浓度的增大而加快；且物理反应即晶体结晶造成的破坏比化学侵蚀严重，硫酸钠溶液中混凝土产生的破坏明显大于氯化钠溶液，提出必须重视含盐环境中结晶产生的破坏。

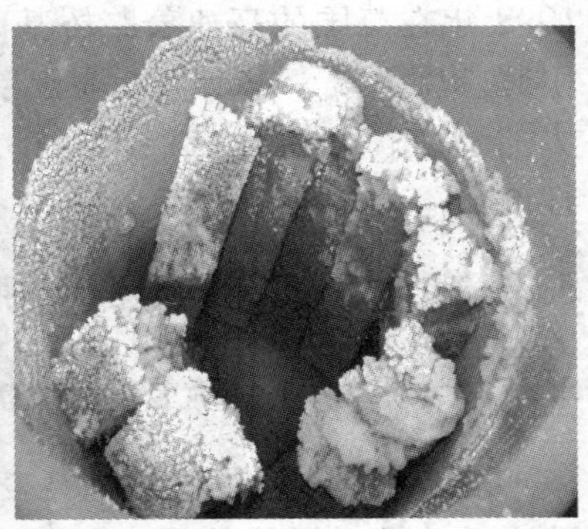

图3－3 结晶的混凝土

3.2.6 碳酸盐侵蚀机理

土壤与地下水中的HCO_3^-对混凝土的侵蚀可以通过如下化学反应表示：

$$Ca(OH)_2 \longrightarrow Ca^{2+} + 2OH^-$$

$$Ca^{2+} + 2HCO_3^- \longrightarrow CaCO_3(s) + CO_2(g) + H_2O$$

$$CaCO_3 + CO_2(g) + H_2O \longrightarrow Ca(HCO_3)_2 \longrightarrow Ca^{2+} + 2HCO_3^-$$

由上述反应可以发现，HCO_3^-或其分解后的化学物质与混凝土中Ca^{2+}发生反应生成$CaCO_3$（俗称钙华），破坏混凝土的水泥胶体。上述反应对立井井壁混凝土产生两种破坏作用：一是混凝土中的$Ca(OH)_2$产生溶解侵蚀后，破坏混凝土的整体结构，导致其强度降低；二是混凝土表面形成的钙华及其他盐类，若在流动的水中，随内外部环境因素如温度、压力、湿度等条件变化，其结晶和溶解可反复进行，当结晶物体积超过孔隙体积时，产生的结晶压力削弱混凝土强度，破坏混凝土的整体结构。

HCO_3^-存在也是混凝土发生碳硫硅钙石型硫酸盐侵蚀的必要条件。作为硫酸盐与碳酸盐共同侵蚀混凝土中水泥基材料后形成的 Thaumasite，由于不易被发现，长期未引起重视。直到 1998 年在英国的高速公路桥基础和埋在地下的柱子中发现，才引起高度重视。它能使混凝土凝胶体转变为果肉状松散无胶结力的物质，大大降低混凝土的强度，造成的破坏程度是毁灭性的。

3.3 氯盐侵蚀钢筋混凝土机理

3.3.1 氯离子在混凝土中渗透扩散分析

氯盐对混凝土的破坏主要表现为：氯盐渗透到混凝土中能加速冻融破坏；氯盐的晶变与膨胀破坏。当环境温度在 0℃ 波动时，氯盐结晶体就会因含结晶水发生体积膨胀。以氯化钠为例，体积膨胀可达 130%。

氯离子能置换混凝土中的钙，形成可溶性物质，使混凝土丧失强度，反应如下：

$$2Cl^- + Ca(OH)_2 \longrightarrow CaCl_2 + 2OH^-$$

$$Ca(OH)_2 + Cl^- + H_2O \longrightarrow CaO \cdot CaCl_2 \cdot nH_2O$$

$$3CaO \cdot Al_2O_3 \cdot 6H_2O + Cl^- + H_2O \longrightarrow 3CaO \cdot Al_2O_3 \cdot 3CaCl_2 \cdot 31H_2O$$

反应促使氢氧化钙溶解。随着混凝土中氯盐浓度的提高，本来溶解度很小的氢氧化钙，发生更大的溶解，并扩散、渗透到混凝土表面，与空气中 CO_2 中和：

$$Ca(OH)_2 + CO_2 \longrightarrow CaCO_3 + H_2O$$

$CaCO_3$ 是白色物质，混凝土表面出现的泛白现象，大多是

$Ca(OH)_2$析出表面被中和(碳化)形成 $CaCO_3$ 的结果。相当长时间内，人们一直认为氯离子对钢筋腐蚀严重，但对混凝土几乎无影响。杨全兵等人采用实验室加速试验的方法，对受 NaCl 溶液侵蚀的混凝土抗拉与抗压性能进行测试，结果表明在腐蚀初期强度略有提高，随时间延长和溶液质量增加强度降低显著。表明氯离子对混凝土具侵蚀性，导致混凝土强度降低、性能劣化。

氯离子在混凝土中的扩散遵循 Fick 定律，即自由离子的扩散取决于浓度和梯度，Fick 第一定律如下：

$$F = -\frac{\partial c}{\partial x} \tag{3-12}$$

在饱和混凝土中，氯离子浓度随时间的变化为：

$$\frac{\partial c}{\partial t} = -\frac{\partial F}{\partial x} \tag{3-13}$$

将式(3－12)代入式(3－13)，便得到 Fick 第二定律：

$$\frac{\partial c}{\partial t} = D\frac{\partial^2 c}{\partial x^2} \tag{3-14}$$

钢筋混凝土井壁中，混凝土一面与地下水接触，另一面与空气接触，氯离子扩散渗透属于一维扩散，模型见图 3－4。

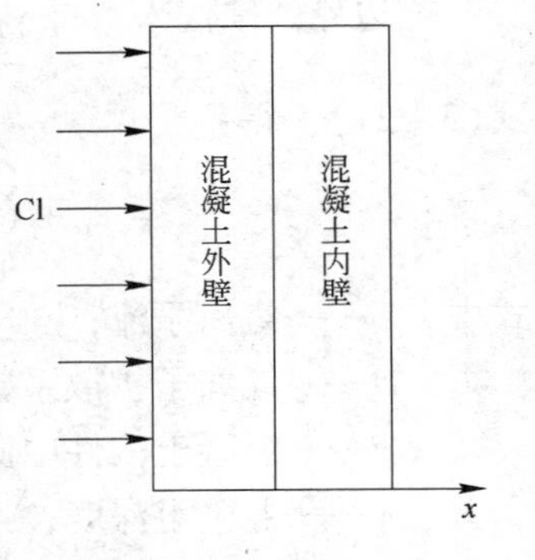

图 3－4 井壁混凝土中氯离子扩散示意图

对式(3－14)进行变换，转化为常微分方程，因此引入变量 ξ，并令：

$$\xi = \frac{x}{2\sqrt{Dt}} \tag{3-15}$$

将式(3－15)代入式(3－14)，得：

$$\frac{\partial^2 c}{\partial \xi^2} + 2\xi\frac{\partial c}{\partial \xi} = 0 \tag{3-16}$$

式(3－16)中 ξ 是唯一的自变量，可以写成常微分方程：

$$\frac{\mathrm{d}^2 c}{\mathrm{d}\xi^2} + 2\xi \frac{\mathrm{d}c}{\mathrm{d}\xi} = 0 \tag{3-17}$$

引入初始条件和边界条件：

$\xi = \infty$，$c = c_0$；$\xi = 0$，$c = c_s$，求解式(3－17)，令：

$$\beta = \frac{\mathrm{d}c}{\mathrm{d}\xi}$$

代入式(3－17)得：

$$\frac{\mathrm{d}\beta}{\mathrm{d}\xi} + 2\xi\beta = 0 \tag{3-18}$$

$$\beta = \gamma_1 e^{-\xi^2} \tag{3-19}$$

$$\frac{\mathrm{d}c}{\mathrm{d}\xi} = \gamma_1 e^{-\xi^2} \tag{3-20}$$

积分得到：

$$c = \gamma_1 \int_0^{\xi} e^{-\xi^2} \mathrm{d}\xi + \gamma_2 \tag{3-21}$$

把边界条件代入，得 $\gamma_1 = c_0 = \frac{2}{\sqrt{\pi}}(c_0 - c_s)$；$\gamma_2 = c_s$，代入式(3－21)，得：

$$c = c_s + (c_0 - c_s)\,\mathrm{erf}\left(\frac{x}{2\sqrt{Dt}}\right) \tag{3-22}$$

式中 F——氯离子流；

D——氯离子扩散系数；

c——混凝土构件中深度 x 处孔隙溶液的氯离子浓度；

x——混凝土深度；

c_0——初始时刻混凝土中氯离子含量，一般取值为0；

c_s——混凝土初始边界处氯离子含量，一般取初始时刻溶液的浓度；

γ_1，γ_2——积分常数；

erf( )——高斯误差函数；

t——时间。

3.3.2 锈蚀钢筋的力学性能

钢筋锈蚀是混凝土耐久性破坏的主要因素。锈蚀钢筋的力学性能显著降低。对服役混凝土结构，锈蚀钢筋的力学性能直接影响结构的可靠性。对锈蚀钢筋的评价包括腐蚀钢筋的重量损失率、截面损失率、有效直径比、强度损失率。文献[89]对锈蚀钢筋进行力学性能测试，根据试验数据，建立钢筋锈蚀率与伸长率、屈服荷载、极限荷载的数学关系：

$$P_{yc}^{\mathrm{I}} = 24.406 - 24.5\rho = (1 - 1.004\rho)P_{y}^{\mathrm{I}} \quad (3-23)$$

$$f_{yc1} = \frac{P_{yc}^{\mathrm{I}}}{A_{sc}} = \frac{(1 - 1.004\rho)P_{y}^{\mathrm{I}}}{(1 - \rho)A_{s}} = \frac{1 - 1.004\rho}{1 - \rho}f_{y1} = K_{y1}f_{y1}$$

$$K_{y1} = \frac{1 - 1.004\rho}{1 - \rho} \quad (3-24)$$

$$P_{uc}^{\mathrm{I}} = 36.463 - 46.2\rho = (1 - 1.267\rho)P_{u}^{\mathrm{I}} \quad (3-25)$$

$$f_{uc1} = \frac{P_{uc}^{\mathrm{I}}}{A_{sc}} = \frac{(1 - 1.267\rho)P_{u}^{\mathrm{I}}}{(1 - \rho)A_{s}} = \frac{1 - 1.267\rho}{1 - \rho}f_{u1} = K_{u1}f_{u1}$$

$$K_{u1} = \frac{1 - 1.267\rho}{1 - \rho} \quad (3-26)$$

$$\delta_{c}^{\mathrm{I}} = 25.603 - 49.7\rho = (1 - 1.941\rho)\delta^{\mathrm{I}} \quad (3-27)$$

$$P_{yc}^{\mathrm{II}} = 35.625 - 45.3\rho = (1 - 1.272\rho)P_{y}^{\mathrm{II}} \quad (3-28)$$

$$f_{yc2} = \frac{P_{yc}^{\mathrm{II}}}{A_{sc}} = \frac{(1 - 1.272\rho)P_{y}^{\mathrm{II}}}{(1 - \rho)A_{s}} = \frac{1 - 2.272\rho}{1 - \rho}f_{y2} = K_{y2}f_{y2}$$

$$K_{y2} = \frac{1.272\rho}{1 - \rho} \quad (3-29)$$

$$P_{uc}^{\mathrm{II}} = 50.421 - 63.8\rho = (1 - 1.265\rho)P_{u}^{\mathrm{II}} \quad (3-30)$$

$$f_{uc2} = \frac{P_{uc}^{\mathrm{II}}}{A_{sc}} = \frac{(1 - 1.265\rho)P_{u}^{\mathrm{II}}}{(1 - \rho)A_{s}} = \frac{1 - 1.265\rho}{1 - \rho}f_{u2} = K_{u2}f_{u2}$$

$$K_{u2} = \frac{1 - 1.265\rho}{1 - \rho} \quad (3-31)$$

$$\delta_c^{\mathrm{II}} = 24.149 - 58.6\rho = (1 - 2.427\rho)\delta^{\mathrm{II}} \tag{3-32}$$

式中 ρ——钢筋的锈蚀率，取值介于0~0.25；

P_{yc}^{I}，P_y^{I}——锈蚀和未锈蚀的一级钢筋屈服时的抵抗力，kN；

f_{yc1}，f_{y1}——锈蚀和未锈蚀的一级钢筋屈服强度，MPa；

A_{sc}，A_s——锈蚀和未锈蚀的一级钢筋的截面面积，mm^2；

K_{y1}，K_{u1}——一级钢筋屈服强度和极限抗拉强度的降低系数；

P_{uc}^{I}，P_u^{I}——锈蚀和未锈蚀的一级钢筋极限抗拉力，kN；

f_{uc1}，f_{u1}——锈蚀和未锈蚀的一级钢筋极限抗拉强度，MPa；

δ_c^{I}，δ^{I}——锈蚀和未锈蚀的一级钢筋极限伸长率，%；

P_{yc}^{II}，P_y^{II}——锈蚀和未锈蚀的二级钢筋屈服时的抵抗力，kN；

f_{uc2}，f_{u2}——锈蚀和未锈蚀的二级钢筋屈服强度，MPa；

K_{y2}，K_{u2}——二级钢筋屈服强度和极限抗拉强度的降低系数；

P_{uc}^{II}，P_u^{II}——锈蚀和未锈蚀的二级钢筋极限抗拉力，kN；

f_{uc2}，f_{u2}——锈蚀和未锈蚀的二级钢筋极限抗拉强度，MPa；

δ_c^{II}，δ^{II}——锈蚀和未锈蚀的二级钢筋极限伸长率，%。

3.4 复合盐害环境下混凝土侵蚀性能试验

巨野矿区地下水及土壤中腐蚀性盐离子有HCO_3^-、SO_4^{2-}、NH_4^+、Cl^-、Mg^{2+}，其中HCO_3^-、SO_4^{2-}、Cl^-含量高，其他盐离子虽然具有腐蚀性但含量极少可不予考虑。盐害种类多且腐蚀机理复杂，目前的技术条件无法定量地分析HCO_3^-、SO_4^{2-}、Cl^-这三类盐离子对钢筋混凝土的综合侵蚀机理及三类盐离子间的耦合作用。矿区井壁采用的混凝土标号既有普通混凝土，也有高强度混凝土。目前对混凝土在单一因素盐害侵蚀下的研究较多，对两类及以上盐害侵蚀的混凝土研究较少。为分析矿区特殊的地下水环境条件对井壁的腐蚀性，设计了复合盐害侵蚀混凝土的加速试验。试验中考虑含量大的盐害，忽略含量微小的NH_4^+、Mg^{2+}离子，并采取对比试验的方式比较复合盐害和单一盐害侵蚀效果。

3.4.1 试验设计

巨野矿区某井壁混凝土采用了6类，其中强度大于C50的高强混凝土用量最多，见表3-6。试验中选取C40代表普通混凝土、C60代表高强度混凝土作为研究对象。

表3-6 副井内壁混凝土强度类型

深度/m	土性	混凝土标号	井壁厚度/mm
115.6	黏土	C30	900
174.63	黏土	C40	900
204.17	黏土	C50	900
298.50	黏土	C55	900
400.82	黏土	C60	1000
464.85	黏土	C65	1100
532.73	黏土	C70	1150

试验过程采用浸烘循环加速腐蚀试验的方法，按照井壁混凝土配合比分别制作100mm×100mm×100mm的混凝土试件，在相对湿度95%的环境中放24h，拆模后放入养护室中养护28d，在实验室存放90d使混凝土强度和徐变趋于稳定，而后把混凝土试件置于复合盐害溶液中和单一硫酸钠溶液浸泡18h，再取出晾干24h后放入80℃的烘箱内烘6h为一个循环，如此反复进行，分别测试10次、20次、30次、…、60次的抗折强度、抗压强度、质量变化和超声波波速。不同标号混凝土配合比见表3-7。试验过程中每10次循环更换新的溶液一次。盐溶液中离子含量依据矿区地下水中主要有害盐离子的种类配制，保持HCO_3^-、SO_4^{2-}、Cl^-之间的浓度比值不变，提高40倍，形成的侵蚀盐溶液离子浓度见表3-8，采用硫酸钠、氯化钠及碳酸氢钠三种化学分析纯，试验在山东理工大学土木工程材料实验室进行。

表 3-7 不同标号混凝土配合比

混凝土编号	水灰比 W/C	用水量 /kg·m^{-3}	水泥用量 /kg·m^{-3}	砂 /kg·m^{-3}	石子 /kg·m^{-3}	减水剂 /kg·m^{-3}
C40	0.43	175	407.30	727.08	1090.62	
C60	0.31	162	520.00	675.00	1055.00	6.667

表 3-8 试验用复合盐溶液浓度

盐离子	SO_4^{2-}	Cl^-	HCO_3^-
含量/g·L^{-1}	64	13.2	9.08
溶质浓度/%	5.89	1.2	0.84

试验用水泥选用山东水泥厂普通硅酸盐水泥 42.5 号；中砂，细度模数 2.7，堆积密度 1501kg/m^3；碎石最大粒径 10mm，堆积密度 1480kg/m^3，试验前淘洗干净；本地自来水。

试验设备包括无锡爱立康仪器设备公司产 AEC-201 水泥强度试验机、电子天平、北京智博联科技公司产 ZBL-U520 非金属无损超声检测仪，见图 3-5。

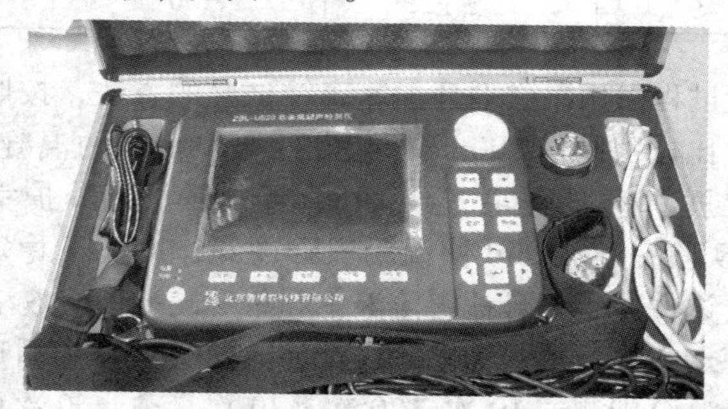

图 3-5 非金属无损超声检测仪

试验中单一硫酸钠溶液浓度 7.93%，为复合盐溶液中各盐离子浓度的总和，复合盐溶液与单一盐溶液浓度相同。

3.4.2 测试数据及分析

3.4.2.1 试验结果

试验的结果如图 3-6 ~ 图 3-9 所示。

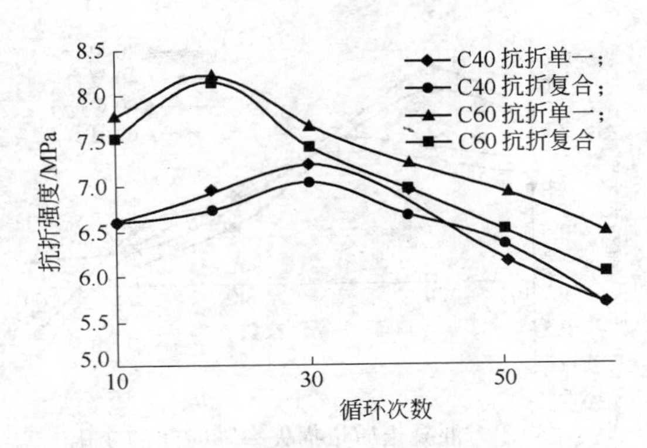

图 3-6 混凝土抗折强度随时间的变化趋势

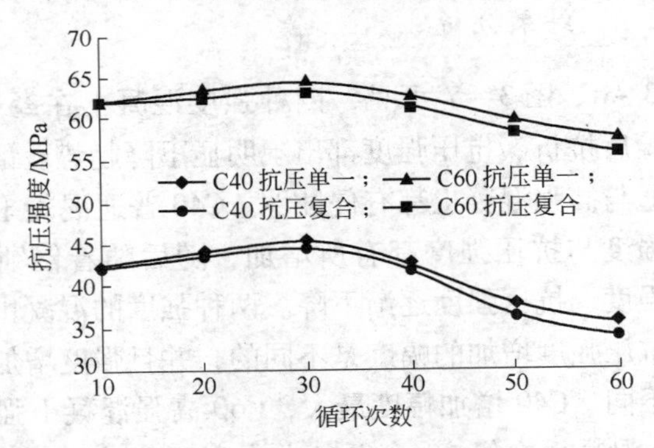

图 3-7 混凝土抗压强度随时间的变化

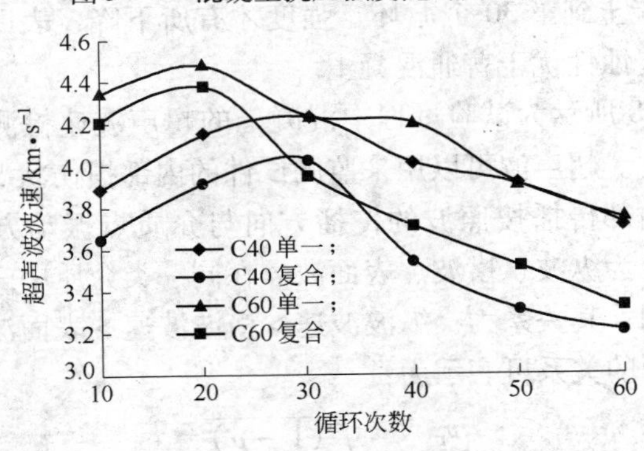

图 3-8 混凝土超声波速值随时间的变化

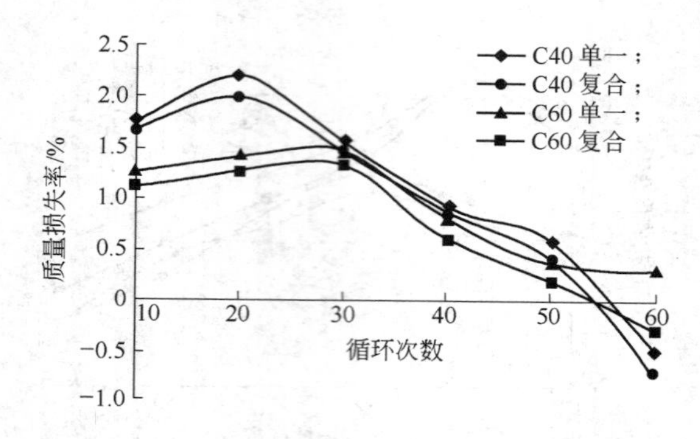

图 3-9 混凝土质量损失率随时间的变化

3.4.2.2 结果分析

由图 3-6、图 3-7 可见，四种强度混凝土在经过 60 次浸烘循环试验后抗折、抗压强度都出现明显下降趋势。证明地下水盐害对普通与高强混凝土都有侵蚀性。C40 普通混凝土在循环的初期抗折强度与抗压强度都有所增加，随后随着侵蚀过程的进行，抗折强度、抗压强度逐渐下降。两种强度的混凝土在初期抗折强度、抗压强度增加的幅度是不同的，并且强度增加阶段的结束时间也不同，C40 增加幅度最大，C60 高强混凝土强度增加幅度小。C40 混凝土在第 20 个循环左右以后强度已经开始下降，而 C60 混凝土到第 30 个循环，强度才有所下降，表明高强混凝土抗盐害侵蚀性优于普通混凝土。

图 3-8 所示为试验过程中混凝土的超声波速检测值随循环次数的变化。超声波可以用来监测试件的内部损伤状况。超声波在混凝土内部传播按照波的传播方向与介质点振动方向间的关系，可以分为纵波、横波、表面波。在同一类介质中三类波的传播速度不同，其关系为：纵波波速 > 横波波速 > 表面波波速。横波与纵波间的关系可表示为：

$$\frac{v_p}{v_s} = \sqrt{\frac{2(1-\mu)}{1-2\mu}} \tag{3-33}$$

式中　v_p——纵波波速，m/s；

v_s——横波波速，m/s；

μ——混凝土泊松比，介于0.2~0.3。

在混凝土试件超声波测试中，由于纵波速度最大，因此，接收器最先接收到的是纵波，即首波，试验中采用的波速值均采用纵波波速。在混凝土受盐害侵蚀的过程中，既有外部的剥蚀，也有内部的裂纹变化引起的损伤。超声波穿越混凝土试件的时间检测值越小，说明超声波速愈大，内部越密实；检测值越大，穿越试件内部时间越长，超声波速愈小，说明内部越疏松，破坏得越严重。纵波波速与混凝土的弹性模量和泊松比密切相关，三者间的关系为：

$$v_p = \sqrt{\frac{E(1-\mu)}{\rho(1+\mu)(1-2\mu)}} \tag{3-34}$$

式中　ρ——质量密度，g/cm^3；

其他字母符号含义同式（3-33）。

从式(3-34)可知，混凝土的弹性模量与波速之间存在密切关系，而弹性模量与混凝土强度密切相关，因此可以用波速的变化反映混凝土内部强度的变化。文献[61]认为可以采用超声波波速定义混凝土的损伤，即：

$$D = 1 - \left(\frac{v_p}{v_{p0}}\right)^2 \tag{3-35}$$

式中　D——混凝土损伤量；

v_p——损伤前的超声波速；

v_{p0}——损伤后的超声波速。

图3-8所示表明超声波速的变化呈现先增加后逐渐减小。强度越小，这种变化趋势越明显，强度大的混凝土试件（如C60）由于本身就较为密实，盐类生成物对试件的密实作用不明显，因此超声波速值变化较小，表明高强混凝土试件在试验过程中一直逐渐发生破坏，而不像强度小的试件在刚开始试验时

强度有一定的升高，过一段时间后强度开始降低。随着循环次数增加，混凝土内部损伤加大，强度降低，从波速数值上的反应是逐步减小。

不同强度混凝土盐害环境侵蚀试验表明不同强度混凝土在抗侵蚀能力上存在差别。普通混凝土在初期抗侵蚀能力有一定提高，但随着时间延续，耐久性降低；强度愈小降低愈大。高强度混凝土抗侵蚀的能力优于强度低的混凝土。但盐害对高强混凝土也具有侵蚀性，导致其强度降低，耐久性下降。

从实验结果发现，复合盐溶液腐蚀强于单一硫酸钠溶液腐蚀，文献[21]表明氯盐和碳酸氢盐单独腐蚀混凝土的效果弱于硫酸盐单独腐蚀，因此硫酸盐、氯盐、碳酸氢盐耦合作用腐蚀混凝土的程度大于三种溶液单独腐蚀效果。

实际工程中，混凝土处在单一盐害因素环境下的腐蚀情况是极罕见的，绝大部分情况混凝土处在多种复合因素的共同作用下。对于三种或以上因素综合作用下的混凝土腐蚀研究，目前还未见文献发表。文献[27]认为 HCO_3^- 与水泥混凝土中的 $Ca(OH)_2$ 反应，生成 $CaCO_3$，使混凝土中性化，碱度降低；混凝土中性化过程中，加速 SO_4^{2-} 向混凝土内部扩散，加速硫酸盐腐蚀；氯离子与硫酸根离子共存条件下，加速氯离子向混凝土内部扩散，加速盐害腐蚀，而且氯离子存在不能减轻硫酸盐的腐蚀。

3.5 盐害环境混凝土损伤演化规律

盐害环境下的混凝土侵蚀是混凝土耐久性研究的重要内容，也是影响因素最复杂的一类环境侵蚀。目前的工程实践和实验研究证明盐害侵蚀钢筋和混凝土是造成混凝土结构耐久性下降的重要原因。由于混凝土原材料及配合比方法的不同，以及各个地区气候与环境、地质、水文等条件的差异，导致混凝土盐害侵蚀的复杂性和多样性。巨野矿区地下水化学成分复杂，含有多种对混凝土及钢筋具有强腐蚀性的离子。钢筋混凝土立井深埋于深厚冲积层中，属于地下隐蔽工程。在漫长的服役时间中混凝土和地下水与土壤接触，必然遭受盐害腐蚀，导致强度下降。但是由于立井建在地下，腐蚀现象不易被发现，加之调查困难，报道的研究文献较少。因而，开展盐害腐蚀环境下的混凝土损伤演化规律研究，对准确掌握混凝土的实际强度意义重大。

3.5.1 试验设计

矿区钢筋混凝土立井所处的地下水质含腐蚀性物质复杂，通过鲁南工程勘察设计院提供的水质分析数据，在试验设计中考虑主要影响因素，忽略次要因素，确定硫酸根离子(1601mg/L)，碳酸氢根离子(227mg/L)，氯离子(331mg/L)为试验中考虑的腐蚀盐害成分，其他如镁离子、铵离子、硝酸根离子等，虽然对混凝土带有危害性，但因在实际工程中含量极少在试验中不予考虑。为缩短试验时间，采取加速试验方法，加速的途径包括选取混凝土试件截面尺寸为40mm×40mm×160mm(见图3-10)，以提高混凝土试件与腐蚀溶液的接触面积、提高腐蚀溶液浓度加快腐蚀离子的渗透速度。根据其他研究者提供的资料，确定试验中腐蚀溶液的浓度为实际地下水腐蚀性离子含量的20、40、60倍(为表达方便，以下分别以溶液A_1、A_2、A_3表示)，即最大浓度硫酸根离子96g/L，碳酸氢根离子13.6g/L，氯离子20g/L，换算成溶液浓度分别为9.6%、1.36%、2.0%，溶液浓度计算方法如下：

$$c = \frac{m}{m + m_0} \times 100\% \tag{3-36}$$

式中 c——溶液浓度；

m——溶质质量；

m_0——溶液中水的质量。

立井混凝土井壁在服役过程中，一个侧面接触土壤或地下水，另一个侧面暴露在大气中，试验中与此适应，试件采取半浸泡方式。试验周期为360d，每30d对一组三个试件进行测试，溶液每30d更换一次新的溶液。

图 3 - 10 制作的部分混凝土试件

3.5.2 试验材料

试验材料如下：

（1）水泥，矿物掺和料粉煤灰、矿渣、硅粉，成分可见表 2 - 2。

（2）中砂，细度模数 3.0，密度 2.64g/m^3。

（3）石子，碎石，最大粒径 10mm。

（4）水，取自本地自来水。

（5）山东建筑科学研究院研制 TK - J 高效减水剂，如图 3 - 11所示。

（6）硫酸钠，碳酸氢钠，氯化钠分析纯，如图 3 - 12 所示。

C70 配合比见表 3 - 9。

图 3 - 11 高效减水剂

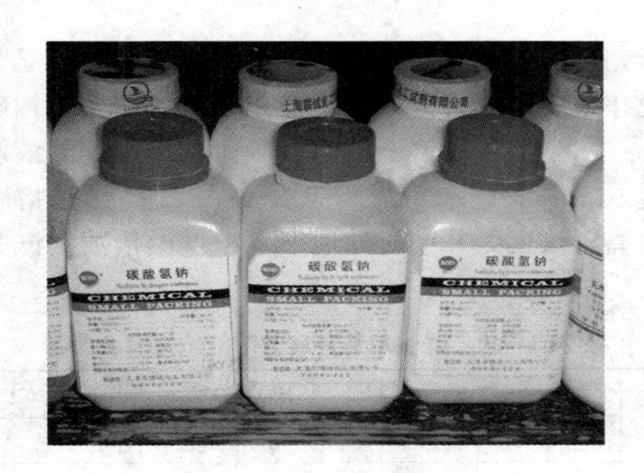

图 3-12 试验用化学料

表 3-9 C70 混凝土试件配合比 （kg/m^3）

混凝土标号	水灰比 W/C	用水量	水泥（胶凝）	砂	石子	减水剂
C70	0.28	162	570.00	619.00	1101.00	34.20

表 3-9 中 C70 混凝土胶凝材料中水泥 399kg，矿渣（70%）和粉煤灰（30%）共 171kg。

混凝土试件采用机械搅拌、振动台机械振捣成型，24h 拆模，一部分放入标准养护箱养护 28d，另一部分自然养护。28d 后按照试验设计放入腐蚀溶液中半浸泡。为对比起见，部分试件放入清水中半浸泡。

3.5.3 盐害溶液浓度选择

目前混凝土盐害腐蚀下的耐久性试验，进行单一因素下普通混凝土腐蚀性能研究的居多，虽然在研究中取得一些有价值的结论，但由于与实际混凝土结构服役环境差别大而缺少应用价值。巨野矿区混凝土副井在 300m 以下都采用 C60 及以上的高强度混凝土。由于高强度混凝土与普通混凝土在原材料和外加剂方面不同，因而其受盐害侵蚀的发展规律也是有差别的。

为了分析判断高强度混凝土损伤劣化规律，同时与立井混凝土服役环境相适应，试验中选取混凝土强度等级 C70；确定三种环境状态：水中浸泡；溶液浸泡；压荷载作用下溶液浸泡。溶液浓度选取 3 个水平，见表 3－10，表中提高量是指腐蚀溶液中腐蚀性离子浓度为井壁所处地下水浓度的倍数。试验时间是 360d。

表 3－10 试验用盐害腐蚀溶液浓度及含量

编号	提高倍数	SO_4^{2-}		HCO_3^-		Cl^-	
		含量/$g \cdot L^{-1}$	浓度/%	含量/$g \cdot L^{-1}$	浓度/%	含量/$g \cdot L^{-1}$	浓度/%
A_0	—	0	0	0	0	0	0
A_1	20	32	3.1	4.6	0.45	6.6	0.65
A_2	40	64	6.3	9.2	0.91	13.2	1.31
A_3	60	96	9.5	13.8	1.37	19.8	1.97

3.5.4 损伤混凝土评价指标

试验中每 30d 测定试件的抗压强度、抗折强度，采用抗压强度损失率、抗折强度损失率分析混凝土的变化规律。

为便于分析比较，定义抗压强度损失率指标计算如下：

$$R_s = \left(1 - \frac{f_s}{f_{os}}\right) \times 100\% \tag{3-37}$$

式中 R_s——混凝土试件抗压强度损失率；

f_s——腐蚀混凝土试件抗压强度；

f_{os}——同龄期清水浸泡混凝土试件抗压强度。

抗折强度损失率计算如下：

$$R_c = \left(1 - \frac{f_c}{f_{oc}}\right) \times 100\% \tag{3-38}$$

式中 R_c——混凝土试件抗折强度损失率；

f_c——腐蚀混凝土试件抗折强度；

f_{oc}——同龄期清水浸泡混凝土试件抗折强度。

3.5.5 试验过程及分析

3.5.5.1 试验过程

按照提供的配合比，用电子天平称量各组成材料，计量准确，在搅拌机中搅拌180s，加料顺序为砂+石子+水泥+掺和料，搅拌工艺为先加水量的30%搅拌30s，再加60%的水搅拌120s，而后出料。共计配置40mm×40mm×160mm的混凝土试件196块，一天后拆除模具，将4件放入养护箱中标准养护，其余试件在实验室中覆盖织物自然养护，地点在山东理工大学土木工程材料实验室。28天后取出，分别取标准养护和自然养护的试件各3块测试28天的抗压强度、抗折强度，所得数值依次分别为：81.2MPa、9.84MPa；73.51MPa、7.16MPa。剩余试件以48块为一组分别半浸泡于A_0、A_1、A_2、A_3溶液中。每隔30天从各组溶液取出3~4块试件，晾干后测试其抗压强度、抗折强度，测试的三个数据中最大值、最小值与中间值的差都不超过15%，表明数值可靠，取其平均值作为最后数值。为保持溶液中盐离子数量的稳定，每30d更换新溶液一次，溶液中各种腐蚀性离子浓度保持稳定，试验历时360天。

3.5.5.2 试验数据

混凝土试件受到侵蚀后，随时间延长表面出现变化。在一个月后按照腐蚀溶液浓度大小依次发生表面变淡、起砂，试件暴露在空气部位开始产生结晶。历经360d，测试得到数据见表3-11，变化趋势如图3-13、图3-14所示。

表3-11 腐蚀混凝土试件测试数据

时间/天	A_0强度/MPa		A_1强度/MPa		A_2强度/MPa		A_3强度/MPa	
	抗压	抗折	抗压	抗折	抗压	抗折	抗压	抗折
30	75.13	7.50	75.62	7.64	76.32	7.79	76.57	7.83
60	76.27	7.74	77.63	7.88	79.59	7.87	80.05	7.88
90	78.71	8.15	79.87	8.26	81.86	8.50	82.62	8.49

续表 3－11

时间/d	A_0强度/MPa		A_1强度/MPa		A_2强度/MPa		A_3强度/MPa	
	抗压	抗折	抗压	抗折	抗压	抗折	抗压	抗折
120	80.84	8.82	82.66	8.95	83.30	9.13	84.82	9.02
150	82.44	9.20	85.69	9.51	84.16	10.82	83.53	10.16
180	84.55	9.40	84.47	10.07	83.85	10.61	82.52	9.91
210	86.26	11.04	83.61	10.59	82.62	10.37	81.77	9.82
240	85.92	11.29	82.96	11.05	82.24	9.75	80.92	9.73
270	85.63	11.43	81.95	10.87	81.61	9.32	80.17	9.27
300	85.62	11.64	80.70	10.63	79.95	8.98	78.38	8.63
330	85.56	11.66	79.26	10.44	78.77	8.62	77.94	8.46
360	85.57	11.64	78.71	10.12	77.89	8.55	74.85	8.38

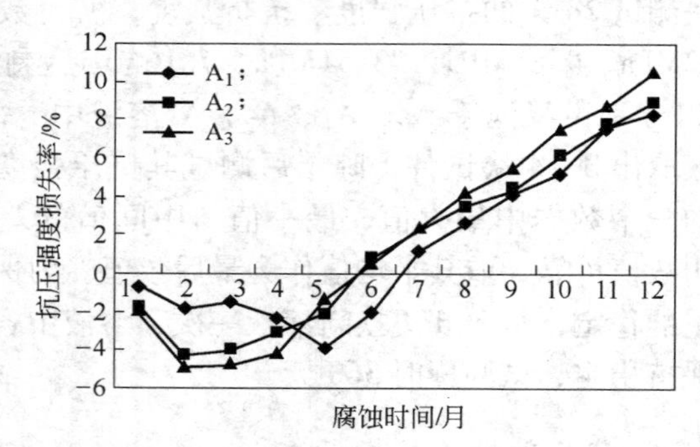

图 3－13　抗压强度损失率变化曲线

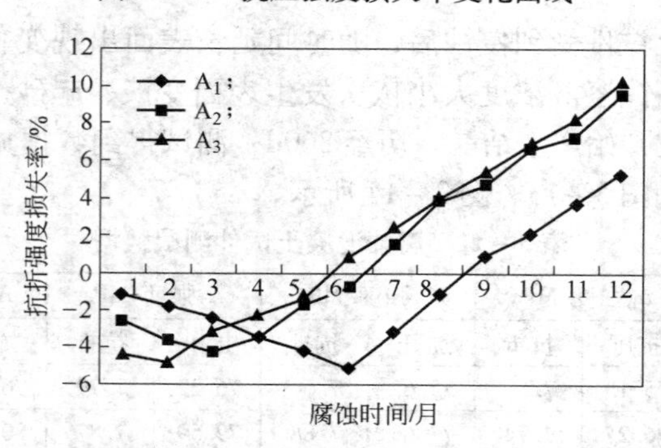

图 3－14　抗折强度损失率变化曲线

3.5.5.3 数据分析

由表3－11中数据可以发现，在清水(取自本地自来水)中半浸泡的高强混凝土的强度在360天内不是随着龄期的增加而不断增长，而是龄期达到某一时间，强度达到最大值，然后随龄期增加而缓慢下降。C70混凝土在清水中浸泡到210天，强度达到最大值86.26MPa，而后缓慢下降，最终360天强度在85.57MPa，高出养护28天后测定的强度值(73.51MPa)16%。可以肯定，若混凝土周围环境不发生变化，其强度值会继续下降，但下降的幅度缓慢，且随时间延长而减少。混凝土试件在清水中浸泡，强度缓慢下降的原因在于混凝土凝胶体中含有的$Ca(OH)_2$离子溶解于水中，造成混凝土试件表面溶蚀，气孔隙增大。但是由于$Ca(OH)_2$溶解度微小，在水中20℃只有0.17g，且溶解度随温度升高降低，因此水中溶解的离子量小，在静止的水中达到饱和反应很快停止。由于实验过程中每30天更换水溶液一次，造成溶解反应持续能够发展，最终表现为混凝土试件强度缓慢降低。

在复合盐溶液中浸泡的混凝土试件的抗压强度变化经历了两个阶段，首先是强度增长期，而后是强度下降期。三种不同浓度溶液混凝土强度增长期的时间和强度增长值不同。随盐溶液浓度的增大，强度增长期的时间变短；浸泡在A_1溶液中混凝土达到最大值85.69MPa时间是150天，A_2溶液达到最大值84.16MPa时间150天，A_3溶液达到最大值84.82MPa时间是120天，混凝土试件达到强度最大值的时间随浓度的增大而减小。试件强度达到最大值后开始下降，但是下降的幅度随着时间增长开始缓慢变大，A_1溶液中混凝土试件强度在360天损失率达到9.8%；A_2溶液在360天损失率达到11.3%；A_3溶液在330天损失率达到10.64%，360天达到12.32%。但是即使浸泡在A_3溶液中的混凝土试件，其最终的抗压强度值是74.85MPa，仍然高于28天自然条件下养护值73.51MPa，因此按照现在设计标准，混凝土的强度在强腐蚀溶液依旧是在增长的。

混凝土试件抗折强度的变化同抗压强度的变化经历相似，同样是增长阶段和下降阶段，但抗折强度的变化比抗压强度复杂。在清水浸泡的试件在 300 天抗折强度达到最大值 11. 94MPa，之后强度值缓慢下降，360 天达到 11. 74MPa，高出 28 天自然养护值 7. 16MPa 为 64%。在三种腐蚀性盐害溶液中，随着浓度增大，抗折强度达到最大值试件缩短，各浓度溶液中混凝土抗折最大值随浓度增大变小。A_1 溶液中 240 天达到最大值 11. 05MPa，360 天达到 10. 12MPa；A_2 溶液中 150 天达到最大值 10. 82MPa，360 天抗折强度为 8. 55MPa；A_3 溶液中 150 天达到最大值 10. 16MPa，360 天抗折强度值 8. 38MPa。在盐害溶液中混凝土试件 360 天抗折强度值都高于 28 天养护后的测定值。

3. 5. 5. 4 腐蚀机理分析

从抗压、抗折强度损失率曲线图 3 - 13、图 3 - 14 可以看出，抗折强度的变化比抗压强度复杂，但总的发展趋势是相同的。C70 混凝土试件在盐害溶液中的强度变化与普通混凝土不同，主要原因在于高强混凝土中掺有矿物质料如粉煤灰和矿渣，由于矿物质具有的高活性，使混凝土内部比普通混凝土密实，孔隙小。在盐害溶液中，混凝土内部发生两种物理化学变化对强度产生影响：一是硫酸根离子与混凝土中凝胶体反应生成物填充内部孔隙，致使混凝土更加密实；二是氯离子和碳酸氢根离子与混凝土凝胶体产生溶蚀反应，导致混凝土孔隙率增大强度降低。在初期第一种反应占优势，起主导地位，混凝土强度增长，由于硫酸根离子的浓度高、数量大，随时间延长硫酸根离子反应生成的钙矾石和石膏逐渐增多，在混凝土内部膨胀产生拉应力，两种反应的结果都导致混凝土强度降低，此时混凝土强度表现为下降幅度变大。通过电镜扫描图片（见图 3 - 15）和 X 射线衍射数据（附录 A）分析认为在三种腐蚀盐离子溶液中侵蚀产物主要是钙矾石，表明硫酸盐侵蚀占主导地位；混凝土试件中出现明显的裂缝，证明盐害腐蚀导致混凝土膨胀开裂产生损伤劣化。

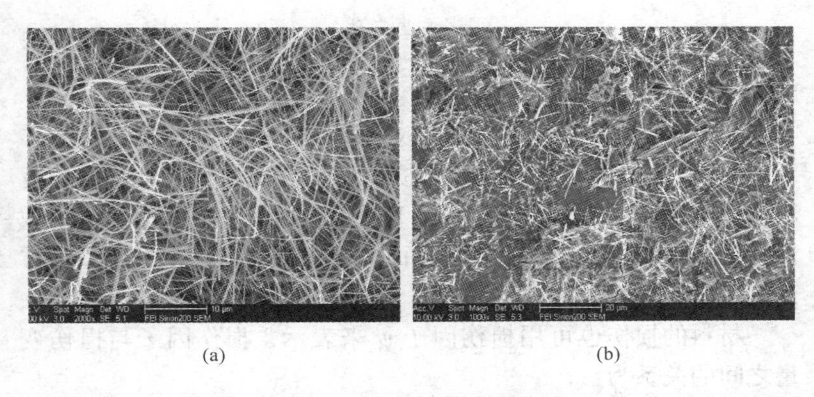

(a)　　　　(b)

图 3-15　A_3 溶液一年后电镜扫描图片

3.6　混凝土盐害侵蚀损伤规律分析

3.6.1　混凝土材料盐害腐蚀强度损伤分析

现实的混凝土材料内部总是存在一定缺陷，这些缺陷在外力作用下会生长、累积，这一过程称为演化。所谓损伤，就是指这种处于变化过程中的材料内部的缺陷，即演化中的缺陷，但损伤不是指某个具体的缺陷，而是缺陷的总体描述，具有连续性的含义。

混凝土损伤的演化，意味着内部缺陷状况的变化。因此，材料特性尤其是对材料组织结构敏感的材料特性，也总是处在不断变化的状态中。这种因损伤演化而导致的材料特性的变化，称为材料特性的退化。为了考虑损伤对材料特性的影响，引入损伤力学的基本理论。

常见的连续损伤模型是把材料的有效承载面积或宏观力学性能的变化作为表述缺陷的生长发展状态的参数，这一参数就是损伤量，在构件使用过程中它是变化的，故而也称为损伤变量，损伤变量是对当前材料内缺陷状况的一个总体描述，是一个人为引进的量，定义损伤：

$$D = \frac{A - \overline{A}}{A} \tag{3-39}$$

式中 A——材料承载面积；

$\overline{A}$——材料无损部分的有效承载面积。

显然，$0 < D < 1$，D 越大，损伤面积越大，有效承载面积越小。$D = 0$ 对应于理想材料，$D = 1$ 对应于全面受损而无任何承载能力的截面。因此，D 表征了界面的损伤程度，是损伤变量最常用的定义。

材料的损伤也可用损伤因子 ψ 来表示，损伤因子与损伤变量之间的关系为：

$$\psi = \frac{\overline{A}}{A} = 1 - D \tag{3-40}$$

它实际上表示的是截面承载能力的变化，在损伤演变过程中从大变到小。考虑截面积的减小，损伤后的应力：

$$\sigma_e = \frac{P}{\overline{A}} = \frac{P}{A_0} \cdot \frac{A_0}{\overline{A}} = \frac{1}{\varphi}\sigma_0 = \frac{\sigma_0}{1 - D} \tag{3-41}$$

式中 σ_e——初始时刻应力；

σ_0——有效应力；

P——作用力。

由于损伤，有效应力将增大（但没有考虑损伤引起的应力集中的影响）。如果通过实验，测得损伤变量或损伤因子，则可得到材料的剩余强度 σ_b：

$$\sigma_b = (1 - D)\sigma_{0b} \tag{3-42}$$

式中 σ_b——混凝土材料的剩余强度；

σ_{0b}——混凝土材料无损状态下强度。

混凝土材料的盐害腐蚀引起的损伤劣化会导致材料特性的变化，由式(3-42)得：

$$\sigma = (1 - D)\sigma_e = E\varepsilon, E = (1 - D)E_0 \tag{3-43}$$

$$D = 1 - \frac{E}{E_0} \tag{3-44}$$

式中 E——混凝土材料损伤后的弹性模量；

E_0——混凝土材料无损状态弹性模量。

式（3－44）实际上是目前最常用的利用弹性模量的退化来测量损伤方法的基本依据。但是，由于损伤变量是以损伤面积来定义的，因此实际上只有在寿命的后期或构件破坏稍前时，才能较好地测得损伤，亦即杨氏模量才会有明显的变化；而在寿命的初中期，损伤变量很小，是很难测得的。另外，以有效承载面积为依据的损伤变量，没有考虑损伤引起的应力集中，故而是难以表示损伤对材料组织敏感特性的影响的。

损伤力学虽然着眼于损伤的演化，但本质上仍是在连续性假定基础上展开的。由于关键的损伤演化率中的一些系数并没有明确的物理意义，而只是对损伤演化的一种唯象描述，常常需要引进很多参数或内变量（甚至会多得难以进行实际应用）才能描述复杂的损伤现象，并且又缺少把损伤变量与材料内部真实缺陷状况联系起来的方法，因此，损伤力学目前尚停留在研究阶段，尚未十分成熟。

3.6.2 混凝土强度损伤劣化模型

由图3－13、图3－14发现，混凝土强度损失变化曲线包括两个阶段，即曲线下降段（强度增长）和上升段（强度降低），为掌握混凝土盐害侵蚀的强度变化规律，同时考虑到工程中运用方便，采用如下二次曲线模型数学表达：

$$R = at^2 + bt + c \tag{3-45}$$

式中 R——混凝土试件强度损失率，%；

a，b，c——系数；

t——腐蚀时间，月。

通过Matlab7.5数值分析软件得到三种浓度溶液混凝土强度的数学模型参数值见表3－12及表3－13，其中$a(b、c)ss$代表强度上升阶段的系数；$a(b、c)sj$代表下降阶段曲线系数。

表3-12 不同浓度溶液抗压强度损失率模型参数值

溶液	参数值					
	ass	*asj*	*bss*	*bsj*	*css*	*csj*
A_1	-0.056336	0.0023896	-0.87027	1.4709	0.03686	0.65681
A_2	0.57786	0.0030119	-3.4381	1.1409	0.942	0.55813
A_3	0.87	0.003202	-0.5022	1.0907	-2.082	-0.0023

表3-13 不同浓度溶液抗折强度损失率模型参数值

溶液	参数值					
	acs	*acj*	*bcs*	*bcj*	*ccs*	*ccj*
A_1	0.23482	0.115	-2.3073	1.0585	1.5737	0.5044
A_2	0.34679	-0.02411	-1.9961	1.6515	-1.05	0.7274
A_3	0.1257	0.019036	0.09371	1.3961	-4.88	0.57803

计算混凝土损失率模型理论值与试验测试结果的相对误差结果见表3-14。

表3-14 模型计算结果与试验值比较 （%）

时间/d	A_1		A_2		A_3	
	计算值	误差	计算值	误差	计算值	误差
210	2.7975	6.75	4.4775	6.60	5.2689	0.55
240	3.9759	13.6	4.9036	9.18	6.0534	1.25
270	5.2683	4.39	5.7794	2.04	7.1603	0.55
300	6.6746	1.55	7.1049	9.64	8.5897	3.49
330	8.1945	0.54	8.8799	2.74	10.3416	2.80
360	9.8289	0.29	11.1046	0.22	12.4161	0.78

由表3-14知，模型计算结果与试验得到数据误差除在溶液中一个数据超过10%以外，其他结果都在10%以内，特别是随着腐蚀时间延长，误差趋于减小，表明采用二次曲线可以较好地拟合盐害溶液混凝土抗压强度损失率的变化规律。

3.6.3 实验室加速试验系数

由于现场试验时间长、资金投入大，在工程实际中采用现场试验的方式研究盐害对混凝土立井井壁的腐蚀规律是不可行的。以上得到的数据是混凝土试件在实验室加速试验中获得的，实际工程中混凝土井壁所处盐害溶液浓度低，实验数据不代表实际工程中混凝土盐害损伤劣化的规律，也不能用来确定实际工程混凝土的强度与时间的关系。为取得实验室加速试验与实际数据的对应关系，必须研究在盐离子溶液浓度提高 20、40、60 倍的加速试验条件下获得抗压强度损失规律与实际溶液中损失率间的关系，探索建立实际盐害与加速试验之间的关系模型。本次试验采取了两种不同形式的加速途径，即增大盐害溶液浓度、提高混凝土试件与盐溶液的接触面积。根据试验数据，分析侵蚀一年后混凝土试件中化学产物的类型，在三种腐蚀盐离子溶液中即硫酸根离子、氯离子、碳酸氢根离子，硫酸盐侵蚀是基本形式，参考文献［31］、［92］的研究认为在浓度小于 15% 环境，混凝土强度损失率值与浓度呈线性关系，实际溶液浓度下的损失率与试验室加速试验间的关系推导如下。

加速试验中混凝土材料的退化机理与服役材料的退化是一致的，加速因子可由下式获得：

$$K = \frac{R_{at}}{R_{lt}} \tag{3-46}$$

式中 K——加速腐蚀因子；

R_{at}——加速盐害溶液试验中的退化速率；

R_{lt}——实际服役条件下的退化速率。

3.6.3.1 关于盐离子浓度扩散的基础理论

混凝土中盐离子的扩散渗透机理是一个非常复杂的物理、化学关系。它包括微孔隙内水的移动、盐离子的迁移；毛细管中阴离子与阳离子的平衡；水化物对盐离子的吸附和固化等。目前盐离子在混凝土中的扩散侵蚀模型都基于 Fick 扩散理论，基本假定：盐离子在混凝土中的扩散遵循 Fick 第二扩散定律；盐离子在混凝土中的扩散为一维扩散；混凝土为匀质材料；混凝土表面盐离子浓度为常数；硫酸根离子、氯离子、碳酸氢根离子的扩散是独立的、互不影响的。

假定溶质浓度变化体系为一个方向（一维扩散），假设距离 d 的 A、B 两点，其浓度分别为 c_0、c_d；当时 $c_0 > c_d$，假定流动方向是垂直的，断面面积为 S；断面上在单位时间内、单位面积通过的溶质量设为 J_d，则在 Δt 时间内通过的溶质量为 $J_dS\Delta t$，这个量有下面关系成立：

$$J_dS\Delta t = -D\frac{c_d - c_0}{d}S\Delta t \tag{3-47}$$

将式（3-47）整理得：

$$J_d = -D\frac{c_d - c_0}{d} \tag{3-48}$$

当距离 d 十分小时，得：

$$J_d = -D\frac{\mathrm{d}c}{\mathrm{d}x} \tag{3-49}$$

$$J_d = CV = c\frac{\mathrm{d}x}{\mathrm{d}t} \tag{3-50}$$

式（3-50）代入式（3-49）得：

$$c\frac{\mathrm{d}x}{\mathrm{d}t} = -D\frac{\mathrm{d}c}{\mathrm{d}x} \tag{3-51}$$

两边对 x 微分得到

$$\frac{\mathrm{d}c}{\mathrm{d}t} = -D\frac{\mathrm{d}^2c}{\mathrm{d}x^2} \tag{3-52}$$

式中 t——腐蚀时间，a；

x——距离腐蚀构件表面的深度，cm；

c——深度 x 处经过时间后的浓度，kg/m^3；

D——表观扩散系数，cm^2/a。

以混凝土构件与盐溶液接触表面 $x=0$ 为边界条件，无限远

处的边界条件为 $c_{x=\infty}=0$；以初始条件为 $c_{t=0}=c_i$ 时，采用拉普拉斯换算方法，得到扩散渗透的公式：

$$c = c_0\left[1 - \mathrm{erf}\left(\frac{x}{2\sqrt{Dt}}\right)\right] + c_i \tag{3-53}$$

$$\mathrm{erf} = 1 - (1 + ax + bx^2 + cx^3 + dx^4 + ex^5 + fx^6)^{-16} \tag{3-54}$$

式中 a，b，c，d，e，f——系数，取值见表 3-15。

表 3-15 系数取值

系数	数值	系数	数值	系数	数值
a	0.0705230784	c	0.0092705272	e	0.0002765672
b	0.042282013	d	0.0001520143	f	0.0000430638

根据以上公式，以达到钢筋混凝土构件内相同距离条件下所用时间比值作为计算盐害溶液浓度提高 60 倍的腐蚀加快系数，得到加速腐蚀系数 K 的值 $K_1=7.746$。

3.6.3.2 关于增大混凝土试件接触面积的因素

本次试验中混凝土试件采用 40mm × 40mm × 160mm 的棱柱体试件，试件一半浸泡于溶液中；实际工程中混凝土立井井壁外缘与地下水接触，内井壁一半与地下水溶液接触、一半暴露在空气中，与试验中试件的浸泡吻合。但是立井井壁是圆形的，不存在面与面交接的棱；试验用混凝土试件所用棱柱体含 4 条棱边，浸泡一年的观察表明混凝土的破裂都是从棱角处开始且腐蚀最为严重。分析原因是棱边处受到盐溶液两个方向的侵蚀，造成腐蚀速度快且严重。因此本次试验中取试件面积类型的增大系数为：$K_2=2$，则整个试验加速系数为：

$$K = K_1 \times K_2 = 2 \times 7.746 = 15.492$$

加速系数表明在 A_3 溶液中腐蚀一年产生的劣化效果，与实际地下水环境条件下 15.492 年产生的腐蚀劣化效果相同。为建立实验室加速试验腐蚀与实际工程腐蚀之间的关系提供一个沟通方式。

在 A_3 溶液中抗压强度的损伤劣化公式如下：

$$R_{s_j} = 0.0032021t^2 + 1.0907t - 0.0023 \quad (3-55)$$

实际环境中混凝土抗压强度劣化演变表达式如下：

$$R_{s_{j0}} = \frac{1}{K}(0.0032021t^2 + 1.0907t - 0.0023) \quad (3-56)$$

实际环境中混凝土抗折强度劣化演变表达式如下：

$$R_{c_{j0}} = \frac{1}{K}(0.019036t^2 + 1.3961t + 0.57803) \quad (3-57)$$

式中 R_{s_j}——实验室盐溶液抗压强度损失率，%；

$R_{s_{j0}}$——实际盐溶液抗压强度损失率，%；

$R_{c_{j0}}$——实际盐溶液抗折强度损失率，%；

K——加速腐蚀系数；

t——腐蚀时间，月。

3.6.4 盐害环境混凝土强度预测

通过试验发现，混凝土试件的强度发展包含两个阶段：强度增长期和强度衰减期；实际工程中混凝土井壁浇注完成 28d 养护期后的强度同样经历两个阶段。因此为准确把握混凝土的实际强度，应当考虑增长期混凝土达到的最高强度值，而把 28d 养护期测定的强度值作为判定的标准是不合适的。在 A_3 溶液中混凝土的强度增长期表达式为：

$$R_{ss} = 0.87t^2 - 0.5022t - 2.082 \quad (3-58)$$

式中 R_{ss}——混凝土试件强度增长阶段抗压强度变化率，%。

令 R_{ss} 等于零，通过计算确定实际环境中混凝土强度增长时间为 28.85 个月，即两年零四个月，达到的最大强度值 84.16MPa。

利用式（3－56）计算盐害环境中某矿副井井壁 C70 混凝土不同服役龄期强度变化值见表 3－16。需要说明的是，本章试验中测到的是混凝土试件的单轴抗压强度，实际服役的立井混凝土井壁内壁处于双轴受压状态，依据文献［103］的试验结果，双轴受压状态下混凝土承载力与单轴承载力的关系为：（1.6～2.5）:1，即混凝土双轴受压下的极限抗压强度比单轴抗压极限强度至少提高1.6倍，因此表中双轴抗压强度数据值应当乘以提高系数，本表中按照上限2.5和下限1.6分别计算。为与国家规范规定的混凝土标准抗压强度一致，考虑混凝土试验的尺寸效应，对单轴抗压强度表中乘以0.9的系数。

表3－16 不同时间C70混凝土强度值预测 （MPa）

时间/a		10	20	30	40	45
单轴强度		69.52	57.40	40.77	29.35	19.67
双轴强度	上限	173.8	143.8	101.93	73.75	49.18
	下限	111.23	91.84	65.23	46.96	31.47

由表3－16可知，由于盐害的腐蚀，混凝土强度衰减；随着服役时间的增加，井壁混凝土强度逐渐衰减退化，且随着时间的延长，衰减速度加大，服役45年混凝土强度值已经不能满足要求。

3.7 本章小结

本章分析了盐害离子对混凝土的侵蚀机理，通过试验研究三种不同复合盐害溶液浓度下C70混凝土腐蚀损伤规律，测试混凝土试件的抗压和抗折强度，分析混凝土强度的劣化规律，得到的结论如下：

（1）盐害对混凝土的侵蚀表现为两种形式，即物理作用和化学作用。通过对混凝土内部结构的化学成分分析，从材料层次论述了硫酸盐侵蚀混凝土的基础条件、机理、化学反应条件、破坏特征和造成的危害性。硫酸盐对混凝土的侵蚀，主要包括化学侵蚀和物理结晶破坏；化学侵蚀以形成钙矾石、硫酸钙为主要形式；物理结晶侵蚀主要产物是带结晶水的硫酸钠。结合Fick定律，分析硫酸盐在混凝土中的渗透形式和数学模型。

（2）分析了氯盐对钢筋的腐蚀机理和危害、氯盐对混凝土的腐蚀机理。氯离子的存在是造成钢筋锈蚀的首要因素；氯盐对混凝土也会产生结晶破坏。分析了氯盐在混凝土中的渗透机理、推导出氯盐渗透立井混凝土井壁的数学模型，提出了氯盐腐蚀下钢筋的力学性能变化规律数学模型。

（3）分析碳酸盐和镁盐对混凝土的侵蚀机理和危害。碳酸盐的侵蚀主要是溶蚀并具有循环性、镁盐的腐蚀既有化学腐蚀又包括物理结晶破坏。分析结晶压力产生的原因计算了不同结晶类型下结晶压力的数值，提出物理结晶破坏也是导致混凝土破坏的主要因素。

（4）混凝土盐害侵蚀是一个复杂的物理化学过程，影响因素多，既有混凝土自身物理力学性能方面的原因，又与环境水中浓度及盐离子含量等外界条件密切相关。通过设计的加速腐蚀对比试验，研究硫酸盐、碳酸氢盐、氯盐复合盐害环境不同强度混凝土受侵蚀的力学性能，并与相同浓度单一硫酸盐侵蚀进行比较。试验结果表明复合盐害对普通混凝土与高强混凝土都具侵蚀性，且腐蚀性强于单一硫酸盐侵蚀；高强混凝土的抗侵蚀性强于普通混凝土。在复合盐害侵蚀环境，混凝土的抗压强度、抗折强度降低、重量在短暂增加后逐步减少、超声波速随腐蚀时间增加而减小，复合盐害侵蚀程度强于相同浓度单一盐离子作用程度。

（5）混凝土在复合盐害溶液中的抗压、抗折强度发展经历两个阶段：强度增长期和强度衰减期；不同浓度溶液中两个阶段的时间不同。溶液浓度越高，混凝土试件强度增长期的时间越短。随溶液浓度增大，混凝土强度损失率增加；利用电镜扫描技术分析复合盐溶液浸泡 360 天后的主要生成物是钙矾石和硫酸钙，表明矿区盐害侵蚀的主要危害是硫酸盐。

（6）通过 Matlab 数值软件分析，得到三种不同溶液侵蚀下混凝土抗压、抗折强度的变化规律，采用二次曲线拟合混凝土强度衰减规律；利用 Fick 定律建立立井井壁盐害离子渗透迁移模型，利用该模型分析了实验室加速试验与工程实际环境条件混凝土的腐蚀速度间的关系，得出在溶液浓度提高 60 倍的条件下采用混凝土棱柱体试验条件下加速试验系数取值为 15.492；利用混凝土强度演化的数学模型和加速试验系数，预测了某矿副井井壁 C70 混凝土不同服役时间的强度值，结果表明在盐害环境下混凝土的强度不满足服役时间的要求。

通过分析发现：盐害侵蚀混凝土的重要载体和关键因素是混凝土井壁环境中水的存在。水是腐蚀离子进入混凝土中的载体，是物理结晶侵蚀的必需物。因此提高立井井壁混凝土的抗腐蚀性，一个重要措施是提高井壁混凝土的抗渗性，延缓水进入混凝土中的数量和时间，从而提高混凝土井壁的耐久性。

4　荷载作用下裂缝混凝土损伤演化及评价

4.1　引言

混凝土井壁都是在荷载作用下服役的，荷载使井壁的混凝土一直处于压应力的状态，处于盐害腐蚀环境下的混凝土是在一定压荷载作用下抵抗侵蚀的。第3章通过试验研究无荷载作用混凝土盐害损伤规律，得到腐蚀条件下混凝土的基本损伤变化规律。东南大学的孙伟院士曾经指出：长期以来国内外对混凝土耐久性研究主要是单一环境因素作用下混凝土损伤失效过程，所得到的损伤劣化结论与实际情况不符。煤矿混凝土井壁服役期间一直处于压应力的作用下，压应力的存在对混凝土耐久性有何影响、其耐久性的发展规律如何未见文献报道。为了使研究结果与井壁的服役状况吻合，得出符合工程实际的混凝土盐害损伤规律，在现有试验条件的基础上，进行了压荷载作用下混凝土试件盐害侵蚀试验研究。

冻结法施工的混凝土井壁在服役中存在不同程度的裂缝，裂缝的存在是研究井壁混凝土耐久性必须考虑的因素，本章展开带裂缝混凝土的性能研究与分析。

4.2　压荷载作用下混凝土腐蚀试验

4.2.1　试验设计

混凝土试件的标号取C70，试件的尺寸及制作方法与第3章盐害溶液浸泡试验一致，28天养护结束，将试件置于压力架，全浸泡在水泥池中，池中溶液浓度取第3章中的A_3溶液，为了与工程实际中混凝土井壁半浸泡的条件吻合，池中采用充气机定时充气，保证溶液水中有充足的氧气。试验过程中每隔3天用扭力扳手调整校对压力架压力一次，以消除因应力松弛产生的荷载损失，确保混凝土试件承受的压力保持稳定，每隔30天取出三件试块进行抗压、抗折强度试验，并更换新盐溶液一次，确保腐蚀盐离子浓度稳定，试验历时360天。

混凝土试件承受的压应力等级取20%、40%、60%混凝土试件的极限强度，分别以S_1、S_2、S_3表示，通过扭力扳手调节达到相应的压应力值，压应力的具体计算方法与第3章的计算相同。

经过360天12次测试，得到的数据结果见表4-1。

表4-1 三种压应力水平混凝土强度值 (MPa)

时间/天	S_1		S_2		S_3	
	抗压	抗折	抗压	抗折	抗压	抗折
30	77.62	7.95	77.74	7.77	77.83	7.81
60	81.35	8.08	81.87	8.45	82.20	8.52
90	83.47	8.57	84.32	8.66	84.79	9.16
120	84.72	9.15	85.03	10.26	84.02	9.54
150	85.33	10.77	85.82	10.85	83.61	10.01
180	84.52	11.32	85.01	11.55	82.45	9.66
210	83.27	10.86	84.69	10.63	81.24	9.03
240	82.69	10.02	83.70	9.98	79.05	8.69
270	81.59	9.76	82.64	9.26	77.33	7.64
300	80.37	9.33	81.73	8.75	74.24	7.05
330	78.86	8.85	80.65	8.05	71.31	6.21
360	77.63	8.68	79.28	7.28	67.22	5.78

为了分析比较相同盐害浓度溶液无压力荷载作用和压力荷载作用下混凝土试件的强度损失量，将表4-1数据与第3章中A_3溶液不受荷载作用下的强度损失率比较，结果见表4-2。

表 4-2 压应力与无应力混凝土强度损失率比较 (%)

时间/天	S_1		S_2		S_3	
	抗压	抗折	抗压	抗折	抗压	抗折
30	52.4	36.4	50.7	18.2	57.0	6.1
60	34.3	14.3	48.0	40.7	56.9	14.5
90	10.4	23.5	30.1	50.1	40.9	19.7
120	16.8	64.8	26	61.9	4.4	25.9
150	-35.7	56.3	-29.9	3.1	8.2	79.3
180	-45.4	89.9	-73.3	113	13.3	74.2
240	-53.0	-48.3	-38.5	46.4	30.5	35.7
270	-34.4	-29	-30.4	12.6	34.6	40.5
300	-26.1	-21.1	-36.6	-0.43	60.1	49.5
330	-17.1	-1.3	-42.2	-12.4	55.5	68.2
360	-13.7	-8.8	-37.9	-32.8	74.0	77.5

注：计算方法为$\frac{\text{应力作用下强度损失率} - A_3\text{溶液强度损失率}}{A_3\text{溶液强度损失率}}$。

4.2.2 试验数据分析

通过分析表 4-1、表 4-2 可知，在压应力作用下的盐害侵蚀，混凝土抗压强度变化同样经历两个过程，即强度增长期和强度下降期；但是不同压力等级下混凝土进入两个阶段的时间不同、同一时间段强度增长及下降的幅度不同。在 20% 压力等级下，压应力的存在对盐害侵蚀起了一定的缓解作用，从分析数据看，在强度增长期，压应力作用下最大增长为 6.05%，高于无压力作用下的 5.48%；在强度下降期，相同时间段内强度损失率小于无压力作用下，最终 360 天压力条件测试抗压强度损失率数据 7.4%，低于无压力条件的 8.32%，证明在 20% 压应力作用下，压力的存在对混凝土抵抗盐害侵蚀是有利的，压力的存在减缓了混凝土抗压强度损失率。

对于抗折强度，压力的存在有利于抗折强度增长，如在压力作用下抗折强度增长最大值20.4%，高于无压力条件的12.36%；在强度下降阶段，压力条件减缓混凝土抗折强度的损失率，在360天测试损失率16.1%，低于无压力作用的18.62%，表明压应力的存在能够减缓混凝土试件抗折强度的损失率。

在40%应力荷载作用下，混凝土的抗压强度损失率都小于20%压应力作用值，最终360天的损失率达到6.89%；抗折强度的变化与抗压强度基本一致，最终压力作用下损失率9.5%，表明40%压应力荷载作用环境，压应力的存在延缓混凝土的强度损失率，降低了混凝土的抗压强度、抗折强度损失。

在60%荷载作用下，混凝土试件强度变化规律与前两类荷载作用不同，从数据看，60%压应力荷载加快混凝土的强度损失率，最终抗压强度损失率74.0%、抗折强度损失率77.5%，加快混凝土的损伤劣化。

从两组表格的数据发现，混凝土试件的抗折强度损失率数值变化高于抗压强度损失率数值变化，特别是在60%荷载作用下的强度损失率，表明抗折强度对盐害和压力环境的侵蚀敏感度高于抗压强度。

通过三种不同压应力等级下混凝土强度损失率的变化表明，在压力荷载作用下，混凝土的强度损失率与试件浸泡时间和压力作用大小有关，对表4-2中20%、40%、60%应力等级作用下的抗压强度损失率数据分析，在20%、40%压应力作用下，混凝土强度增长期延长、劣化衰减速度降低，压应力的存在阻碍盐害离子的侵入速度，提高了混凝土试件的耐久性；60%压应力作用下，同一时期混凝土强度增长期基本不变、在劣化阶段强度损失率加速，60%压应力作用下，混凝土试件150天开始进入强度劣化。通过对表4-2中的混凝土进入劣化加速期的时间与加速增长率的数据拟合，得到在三种压应力作用下的影响因子的数学关系式如图4-1~图4-3所示。

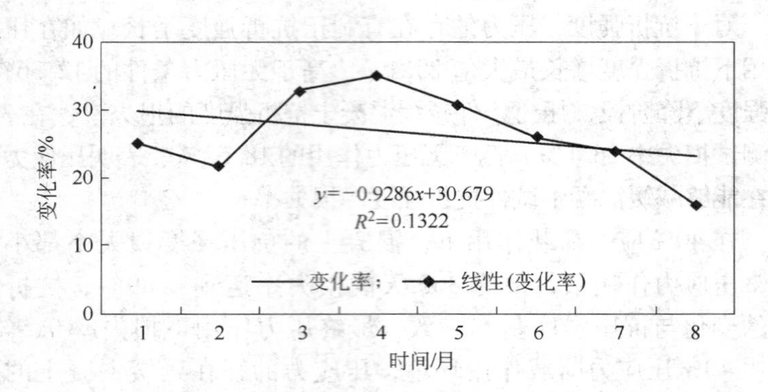

图 4-1 20% 压力作用影响变化率拟合线

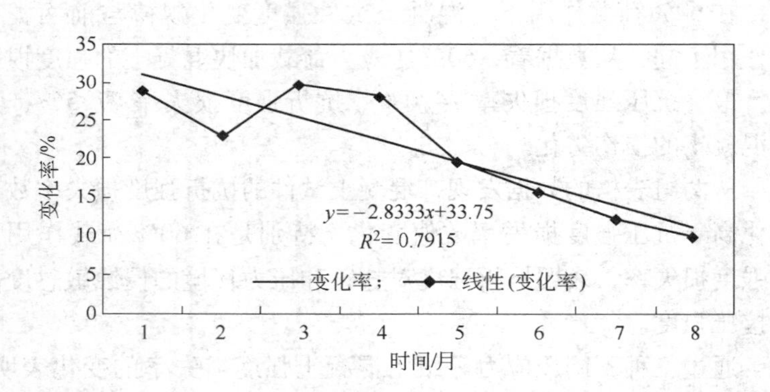

图 4-2 40% 压力作用影响变化率拟合线

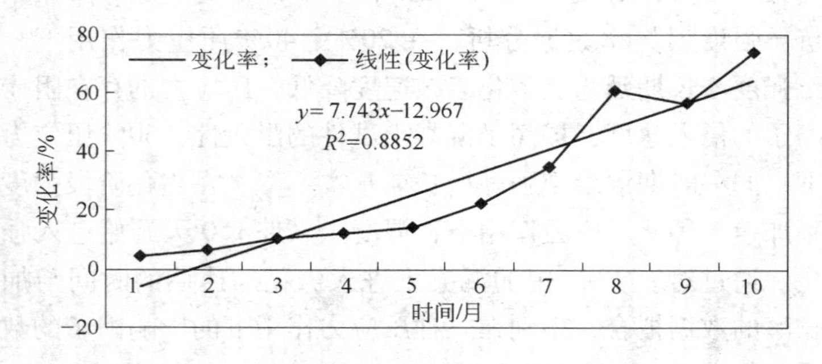

图 4-3 60% 压力作用影响变化率拟合线

因此，在分析混凝土盐害侵蚀时，应当考虑荷载的影响因素，既要考虑对超过一定应力水平的时间段侵蚀劣化的加速因素的影响，也要考虑在低压应力水平下（不大于40%）荷载对盐害侵蚀的减缓因素，从而能做到依据混凝土结构的实际受力环境准确反映混凝土结构真实的损伤演化规律。

考虑荷载作用下实际盐害环境混凝土强度损失率模型为：

$$R_{s_0} = \varphi \frac{1}{K}(0.0032021t^2 + 1.0907t - 0.0023) \quad (4-1)$$

式中 R_{s_0}——实际盐害环境混凝土强度损失率，%；

φ——应力作用下的侵蚀影响系数，根据实际应力水平决定；

K——加速系数，同前；

t——腐蚀时间，从混凝土进入劣化期计算，月。

4.3 混凝土盐害损伤性能试验

损伤混凝土的重要特征是裂缝的存在，裂缝是混凝土结构工程中的一种常见缺陷，带有普遍性。实践证明不是所有的混凝土裂缝都有害，部分混凝土工程是带裂缝服役。但是从固体强度理论的发展中可以看到，裂缝的扩展是结构物破坏的初始阶段；同时有害的裂缝不仅危害混凝土结构的整体性和稳定性，而且会产生大量的渗漏水，导致其他病害的发生和发展，如溶蚀、环境水的侵蚀、冻融破坏及钢筋锈蚀等，这些病害与裂缝形成恶性循环，对混凝土结构产生更大的危害，加快混凝土的损伤劣化。随着使用年限的增长，裂缝数量、深度、宽度逐渐增多，部分裂缝已经超过规范规定的限值，如何科学评估裂缝混凝土的不利影响是亟待解决的工程问题。

目前，服役的深厚冲积层煤矿混凝土立井井壁的裂缝客观存在，数量和深度不等。某煤矿副井井壁混凝土的施工资料表明：深厚冲积层井壁单层厚度达到1.1m，内壁连续浇筑、外壁分段浇筑，都属于大体积混凝土施工。混凝土设计强度高达C70，单方胶凝材料（水泥、粉煤灰、矿渣）用量达到577kg/m^3；混凝土早期强度要求高、外加剂掺量大，养护条件恶劣；外层井壁无法进行洒水保温养护，内层井壁只能进行洒水养护。特殊的施工条件和施工工艺造成混凝土井壁裂缝多，有的部位甚至是贯穿裂缝，造成井壁渗漏水现象严重，干扰正常的工作环境。

通过对几座采用冻结法凿井技术施工的混凝土井壁的调查发现裂缝具有的特点：混凝土井壁裂缝数量、宽度远超过钻井法凿井；水平环向裂缝居多，裂缝长度、深度变化较大，最长裂缝长度7.5m、深度200mm、宽度2mm；黏土层与基岩交界处裂缝数量多于其他区域；井壁渗漏水严重。

4.3.1 混凝土井壁裂缝产生原因

混凝土微裂缝是肉眼看不见的，肉眼可见范围以0.05mm为界，大于0.05mm的裂缝称为宏观裂缝，宏观裂缝是微观裂缝扩展的结果，裂缝深度超过构件厚度一半以上的称为贯穿裂缝。根据国内外设计规范及有关试验资料，混凝土最大裂缝宽度的控制标准见表4－3和表4－4。

表4－3 中国混凝土裂缝宽度最大值标准 （mm）

环境类别	短期荷载组合	长期荷载组合	防水要求
一	0.4	0.35	0.10
二	0.3	0.25	0.10
三	0.25	0.20	0.10
四	0.15	0.10	0.05

表4－4 ACI规定裂缝最大宽度

环境条件	裂缝宽度/mm
干燥空气或有保护涂层	0.40
湿空气或土中	0.30
掺防冻剂	0.175
海浪变动区	0.15
防水结构	0.10

按照裂缝产生的原因分为荷载裂缝和非荷载裂缝。荷载裂缝是混凝土受到外力作用产生，又分为外荷载裂缝和荷载次应力裂缝；非荷载裂缝指未受到外加荷载时，由于混凝土自身变形或结构变形受到约束产生拉应力导致的裂缝：

（1）荷载裂缝。由于受到外荷载作用，导致混凝土内部产生的拉应力超过混凝土的极限抗拉强度使混凝土产生的开裂。混凝土结构荷载裂缝多是楔形裂缝，按照荷载引起裂缝的原因分为弯曲、剪切、扭转裂缝。混凝土是脆性材料，抗拉强度低，在结构设计中，荷载裂缝主要通过设置受力钢筋控制。在矿山混凝土井壁产生的裂缝中，荷载引起的裂缝较少。

（2）非荷载裂缝。占混凝土裂缝的80%以上，主要是温度变化、材料收缩和膨胀、结构不均匀沉降等因素而引起的裂缝。这类裂缝起因是结构首先发生变形，当变形得不到满足引发拉应力超过混凝土抗拉强度产生裂缝。主要包括塑性塌落裂缝、干燥收缩和自收缩裂缝、温度变化裂缝、沉降裂缝、冻融裂缝、钢筋锈蚀裂缝、化学反应裂缝等。深厚冲积层内外壁混凝土属于大体积混凝土施工，必须考虑水化热引起的温度应力因素，目前温度变化引起的井壁混凝土裂缝研究较多，一些研究者认为温度应力是深厚冲积层钢筋混凝土井壁裂缝产生的主要原因。在冻结法建造的深厚冲积层钢筋混凝土立井中，内层井壁环状裂缝数量最多，且有一定规律性。某煤矿副井井壁渗漏水主要是环状裂缝引发的，对环状裂缝产生的原因，有多种解释，目前还没有一种解释能够得到工程界和理论界的共同认可。根据冻结法的施工工艺，某矿副井周围的土层人工冻结之后，冻结壁的温度、井壁内工作面温度、温差等数据见表4-5。

表4-5 副井外壁温度测试数据

测层位/m	-298.82	-400.82	-431.02	-464.85	-494.48	-532.73	-549.8
施工段高/m	3.00	3.00	3.00	3.00	3.00	3.00	3.00
工作面温度/℃	6.24	3.19	3.18	-1.68	-2.48	-4.26	-4.55

续表4-5

井帮平均温度/℃	-8.91	-12.64	-16.08	-16.68	-17.30	-17.60	-18.90
混凝土入模温度/℃	22.7	20.3	18.0	16.5	14.9	14.6	15.4
浇筑后最高温度/℃	61.3	73.2	66.5	69.8	67.0	68.7	62.4
内外最大温差/℃	—	18.2	22.8	20.1	22.6	25.9	27.7

从表4-5知，深厚冲积层中460m以深地区，外井壁混凝土施工工作面温度都在零度以下，且温度随着深度增大降低；混凝土浇注后内部最高温度达到73.2℃，内外温差最大达到27.7℃。考虑温度应力，推导井壁混凝土的内应力如下：

选择井壁中心为坐标原点，从x处选取一微环体，高度dx，圆环的周长s，作用在圆环竖向的应力有σ_x、$\sigma_x+d\sigma_x$、τ，如图4-4所示。

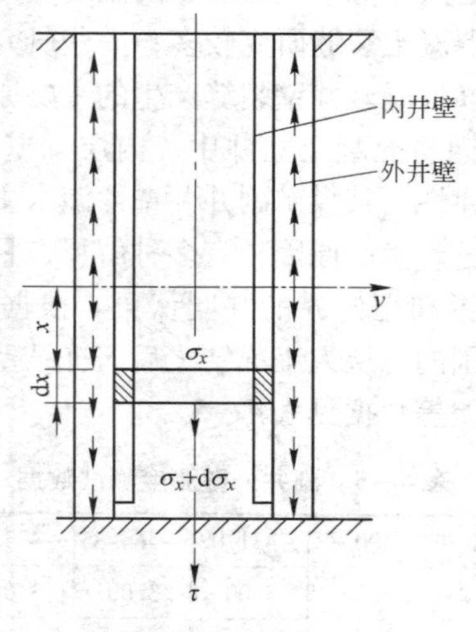

图4-4 井壁计算单元

微圆环体的平衡方程：

$$\Sigma x = 0, \mathrm{d}\sigma_x ts + \tau s \mathrm{d}x = 0 \tag{4-2}$$

整理得：

$$\mathrm{d}\sigma_x + \frac{\tau}{t}\mathrm{d}x = 0 \tag{4-3}$$

井壁任何一点的位移 u 由约束位移与自由位移组成：

$$u = u_{\mathrm{a}} + \alpha T x \tag{4-4}$$

令

$$\beta = \sqrt{\frac{c_x}{tE}}$$

则式可化为：

$$E\mathrm{d}\varepsilon_x + \frac{c_x}{t}u\mathrm{d}x = 0 \tag{4-5}$$

代入 β 得：

$$\frac{\mathrm{d}^2 u}{\mathrm{d}x^2} + \beta^2 u = 0 \tag{4-6}$$

该微分方程的通解为：

$$u = A\cos(\beta x) + B\sin(\beta x) \tag{4-7}$$

依据边界条件求微分常数：

$$x = 0, u = 0, A = 0;$$

$$x = \pm\frac{L}{2}, \frac{\mathrm{d}u}{\mathrm{d}x} - \alpha T = 0, \frac{\mathrm{d}u_\sigma}{\mathrm{d}x} = B\beta\cos\left(\beta\frac{L}{2}\right) = \alpha T,$$

$$B = \frac{\alpha T}{\beta\cos\left(\beta\frac{L}{2}\right)};$$

垂直位移的解为：

$$u = \frac{\alpha T\sin(\beta x)}{\beta\cos\left(\beta\frac{L}{2}\right)} \tag{4-8}$$

立井井壁混凝土的正应力计算公式为：

$$\sigma = -E\alpha T\left(1 - \frac{\cos\beta x}{\cos\beta\frac{L}{2}}\right) \tag{4-9}$$

$$\sigma_{\max} = -E\alpha T\left(1 - \frac{1}{ch\beta\frac{L}{2}}\right) \quad (4-10)$$

式中 E——混凝土弹性模量；

α——线膨胀系数；

T——温度差值；

β——井壁水平阻力系数与井壁厚度及混凝土弹性模量的比值；

L——浇注混凝土井壁段的高度。

取 C70 混凝土参数值如下：$E = 3.7\times10^4\,\text{N/mm}^2$；$\alpha = 1.5\times10^{-5}$；$c_x = 0.6\times10^4\,\text{N/mm}^3$。

根据表 4－5 的数据，代入式（4－10）：

$$T = T_1 + \frac{\varepsilon_1}{\alpha} + \frac{\varepsilon_2}{\alpha} = -27.7 - 6.7 - 6.7 = -41.1℃$$

$$\begin{aligned}\sigma_{x\max} &= -E\alpha T\left[1 - \frac{1}{\cos(\beta\frac{L}{2})}\right] \\ &= -3.7\times10^4\times1.5\times10^{-5}\times(-41.1)\times(1-1.213) \\ &= -4.86\text{MPa}\end{aligned}$$

C70 混凝土的标准抗拉应力值 2.93MPa，所得的最大拉应力 4.86 > 2.93，导致混凝土出现裂缝。通过现场实测副井外壁混凝土的应变，所得数据在浇筑后的 0.88 天内全部是拉应变，表明混凝土受到拉应力作用，与计算结论一致。沿井壁竖直方向存在拉应力，当温差为正时，井壁承受垂直压力；当温差为负时，井壁及环向钢筋的拉应力随温度波动，内井壁降温收缩，井壁承受垂直拉力。拉应力超过混凝土的抗拉强度便出现与垂直应力正交的环状裂缝。

采用冻结法施工的深厚冲积层井壁自 200m 以上都采用高强度混凝土，即在混凝土配合比中掺加混合料和减水剂，如该副井在井壁 C60、C70、C75 高强度混凝土中普遍采用粉煤灰、矿渣、硅粉和减水剂。试验表明：粉煤灰、矿渣、硅粉和减水剂的使用量超过一定限制，有增加混凝土开裂的因素，造成高强度混凝土裂缝的数量明显多于普通混凝土，随着矿物掺加料颗粒尺寸的降低和活性的提高，混凝土开裂时间提前、裂缝宽度增加；掺和料导致裂缝的增加也是立井井壁裂缝不容忽视的原因。多种因素综合作用导致混凝土井壁裂缝普遍存在，带裂缝服役是深厚冲积层中混凝土井壁的特殊状况。

4.3.2 井壁混凝土裂缝的危害

混凝土井壁裂缝在服役中是难以避免的，裂缝是否产生危害取决于裂缝的类型、数量、宽度、深度、产生部位等，危害性表现在混凝土结构的安全性和耐久性。由于矿井所处环境及担负的生产任务的特殊性，混凝土井壁的裂缝绝大部分是有害的，特别是宏观裂缝。作为一种劣化现象，与裂缝关系密切的耐久性能有钢筋锈蚀、渗漏水及碳化。

（1）开裂与钢筋锈蚀。混凝土产生裂缝，水分、盐离子、氧气、二氧化碳等沿着裂缝，很容易侵入到钢筋表面，发生电化学钢筋锈蚀。一般裂缝宽度越大，腐蚀越容易。环境条件对钢筋腐蚀影响大，雨量、温度及相对湿度诸因素中，湿度影响最大。在相同保护层厚度、裂缝宽度相同时，湿度越大，腐蚀速度越快。

（2）碳化与裂缝。混凝土中产生裂缝后，大气中的二氧化碳容易进入到混凝土构件内部，碳化发生的速度加剧；碳化发生后，钢筋表面的高碱性环境消失，造成钢筋锈蚀加快。

（3）裂缝与渗漏水。钢筋混凝土井壁的渗漏水问题影响立井的正常运行，一直困扰矿山的设计者和管理者。渗漏水的根本原因是井壁混凝土的裂缝，如某煤矿副井渗漏水加剧混凝土的劣化，导致立井耐久性降低；渗漏盐水腐蚀立井筒内的金属管道，致使各类金属管道锈蚀老化，无法继续使用，给矿山造成重大经济损失。

水压力、漏水量可用公式表示：

承压水公式：

$$Q = \frac{La^3 \rho g H}{12\sigma \eta d} \tag{4-11}$$

非承压水公式：

$$Q = \frac{C\rho g a^3}{12\eta} \cdot L \tag{4-12}$$

式中 Q——裂缝渗水量；
g——重力加速度；
a——裂缝宽度；
L——裂缝长度；
H——水压头；
d——混凝土壁厚度；
η——液体黏度；
ρ——液体密度；
σ——经验系数；
C——经验常数。

4.3.3 带裂缝混凝土力学性能试验

目前，对混凝土裂缝产生机理与发展模式的研究居多，但都以实验室试验为主，所获得的理论模型与工程实际中裂缝发展不尽相同。在工程实际中，服役混凝土构件是带裂缝运行的，有的构件在宏观裂缝存在下依然工作，因此掌握带裂缝混凝土构件的力学性能和变化规律，分析盐害环境下裂缝混凝土的损伤演化特点，对科学决策裂缝混凝土构件的安全性和可靠性具有实际意义。但是由于实际混凝土结构工程中裂缝的数量、长度、宽度、深度、走向等的复杂性，人为地制造与实际工程中一致的裂缝目前还做不到，因此在本次试验中采用人工产生裂缝方法研究带裂缝混凝土构件性能。

4.3.3.1 试验目的

研究裂缝长度、深度、宽度与混凝土抗压强度间的关系；研究带裂缝混凝土盐害侵蚀强度变化规律。

4.3.3.2 试验方案与过程

制作尺寸10cm×10cm×10cm的C70混凝土试块，混凝土配合比、混凝土试件浇注方法同第四章。制作完成后，将12个试件放入标准养护箱中养护，其余试件人为设置裂缝。

4.3.3.3 混凝土裂缝的产生

本次试验中，在混凝土模具内预先放置厚度1mm薄镀锌铁片，铁片表面涂油减少与混凝土的黏结，在混凝土试块同一平面内人为产生宽度1mm，长度、深度10mm、20mm、30mm、40mm、50mm五类不等的混凝土裂缝；在混凝土浇注过程中，不断缓慢移动铁片，防止混凝土浆体与铁片黏结。在混凝土振捣凝结后2h内，每间隔20min移动铁片一次，6h后拔出铁片，保证形成的裂缝符合要求。这种方法的优点是操作简单、裂缝的宽度、深度、长度容易掌控，缺点是无法制作小于铁片厚度的裂缝，裂缝的形状只能是直线，宽度只能是铁片厚度的整数倍。在实验进行过程中，部分混凝土试块硬化后裂缝愈合，采用钢锯条切割的方法使裂缝达到要求的深度和宽度。

4.3.3.4 裂缝混凝土抗压强度测试

试验中制作相同裂缝深度、不同裂缝长度及不同裂缝深度、相同裂缝长度试件共计60件，拆模后放入养护箱中标准养护28天后取出测定混凝土的抗压强度，测试数据见表4-6。试验中混凝土试件受的压力方向与裂缝深度方向一致。同一裂缝长度、同一裂缝深度的试件3块，取其平均值作为最终测试数据。

4.3.3.5 荷载作用带裂缝混凝土抗侵蚀性能测试

将带裂缝混凝土试件标准28天养护后置于压力架中放入A_3溶液半浸泡180天，分别测试30天、60天、90天、…、180天龄期的抗压强度。试验过程中每30天更换新的溶液一次，每两天调节一次荷载值。混凝土试件的裂缝深度、长度见表4－6。

表4－6 带裂缝混凝土试块28天抗压强度值 （MPa）

缝长/cm 缝深/cm	10	10×2	10×3	10×4	10×5
1	87.89	87.46	87.78	85.96	86.82
2	87.64	86.82	77.41	68.28	65.11
3	86.76	84.65	76.35	63.33	60.62
4	77.32	74.37	66.12	43.77	30.26
5	65.24	60.51	53.01	27.35	16.62

4.3.3.6 数据分析

分析表4－6数据可知，裂缝的长度、深度对混凝土抗压强度都产生影响，但影响的幅度不同；缝深1cm，抗压强度随裂缝长度增加变化不大；缝长10cm，缝深1～5cm，抗压变化显著，缝深的影响因子大于缝长。随着深度和长度的增加，混凝土的强度降低，在此选取线性、二次曲线、双曲线、指数函数四类数学模型，利用Matlab7.5分析程序拟合表中的数据，拟合分析见附录B，通过误差分析、考虑工程应用方便确定采用指数函数表达抗压强度与缝长、缝深的关系如下：

$$P = ae^{bx+cy} \tag{4-13}$$

代入参数值，得到计算混凝土标准抗压强度公式：

$$P = \psi 157.45e^{-0.20605x-0.017069y} \tag{4-14}$$

式中 P——混凝土抗压强度，MPa；

a，b，c——系数，待定；

x——裂缝的深度，cm；

y——裂缝的长度，cm；

ψ——宽度影响系数，缝宽1mm取1.0。

结合本章提出的式（4－1），参考文献［102］、［123］中关于裂缝宽度与强度的结论，提出 C70 损伤混凝土盐害环境下的抗压强度动力学模型：

$$P = \varphi k_0 \varphi_0 157.45 e^{(-0.20605x - 0.017069y)} \cdot [1 - (0.0032021t^2 + 1.0907t - 0.0023)] \quad (4-15)$$

式中 P——C70 混凝土抗压强度，MPa；

t——服役时间，月；

x——混凝土中裂缝的深度，cm；

y——混凝土中裂缝的长度，cm；

k_0——系数，取 0.06281；

φ——应力影响系数；

φ_0——裂缝宽度影响系数，1mm 取 1.0，0.4mm 取 1.5，2.0mm 取 0.45，0.4～2.0 之间的裂缝宽度采用插值法获得。

公式的适用条件：非贯穿裂缝；裂缝深度与构件厚度的比值大于或等于 20%。

4.4 损伤混凝土抗压强度模型验证

多因素作用下混凝土腐蚀试验考虑因素复杂，要对每一个影响因素进行分析并提出具体的数学模型是很困难的，导致采用数值计算的方法受到限制。带裂缝混凝土盐害侵蚀试验由于盐类的结晶作用，导致裂缝时常被填塞影响试验效果，特别是昼夜温差大盐结晶更加严重，导致试验的结果无法反映实际的规律；服役立井井壁由于受到压力水的作用结晶物被冲走不发生此类现象，因此应当在试验研究的基础上寻找其他方法探索裂缝混凝土的腐蚀破坏规律。人工神经网络由于其具有的自组织、自适应、自学习、联想记忆、高度容错、高度非线性等优点在土木工程研究领域受到青睐。

4.4.1 BP 神经网络简介

人工神经网络是一个快速发展的新兴学科，涉及面非常广泛，而且新的模型、新的理论、新的应用成果不断地涌现出来。人工神经网络分类方法有很多种，从网络的结构而言，可分为前馈神经网络和反馈神经网络。神经网络控制主要应用神经网络的函数逼近功能，从这个角度讲，神经网络可分为全局逼近神经网络和局部逼近神经网络。如果网络的一个或多个权值或自适应可调参数在输入空间的每一点对任何一个输出都有影响，则称神经网络为全局逼近神经网络。BP 网络是全局逼近网络的典型的例子。由于人工神经网络在复杂的非线性系统中具有较高的建模能力和对数据良好的拟合能力，同时它在分类和识别问题中采用点对点映射方法，其输入和输出之间的关系曲线比较光滑，再加上其独特的权值和自学习能力，所以在分类和识别问题中具有广泛的应用前景。通过对连接权系数的学习与调整来实现给定的输入输出映射关系，保证经过训练的 BP 网络，对于不是样本集中的输入也能给出合适的输出，该泛化功能可以用来进行预测，从函数拟合的角度，BP 网络也具有插值功能。

4.4.2 神经网络结构及算法

4.4.2.1 神经网络结构

典型的 BP 网络结构有一个输入层，一个输出层和一个若干隐含层组成。隐含层和输出层的基本组成结构就是神经元，并且相邻层之间的任意两个神经元均相互连接，而同一层内各神经元互不相连。该神经元的输入、输出为：

$$S = \sum_{i=1}^{n} W_i X_i - \theta \tag{4-16}$$

$$y = f(s) \tag{4-17}$$

式中 W_i——上一层各神经元的输入值；

X_i——上一层各神经元与该神经元的连接权值；

θ——该神经元的阈值，体现该生物神经元的抑制电平；

f——激活函数，用来模拟生物神经元的非线性的 S 函数。

4.4.2.2 神经网络算法

BP算法的基本思想是：学习过程由信号的正向传播与误差的反向传播两个过程组成。正向传播时，模式作用于输入层，经隐含层处理后，传向输出层，每一层神经元的状态只影响下一层神经元的状态。如果输出层未能得到期望的输出，则转入误差的反向传播阶段，将输出误差按某种形式，通过隐含层向输入层逐层返回，并“分摊”给各层的所有单元，从而获得各层单元的参考误差或称误差信号，以之作为修改各单元权值及偏置量的依据。这种信号的正向传播和误差的反向传播过程是周而复始进行的，直到网络输出的误差达到要求为止。

4.4.3 神经网络学习过程

神经网络学习过程步骤：

（1）网络状态初始化，用较小的随机数对网络的权值$\{\omega_{ij}\}$和$\{\omega_{jk}\}$以及偏置量$\{\theta_j\}$和$\{v_k\}$置初值。

（2）输入第一个学习模式$\{X:T\}$。

（3）把学习模式的信号X作为输入层节点的输出，即$\{I_i\}=\{X_i\}$，用输入层到中间层的权值$\{\omega_{ij}\}$和中间层节点的偏置量θ_j求出对中间层节点j的输入U_j及相应的输出Y_j：

$$U_j = \sum_{i=0}^{m-1} \omega_{ij} I_i - \theta_j \tag{4-18}$$

$$Y_j = f(U_j) \tag{4-19}$$

（4）用中间层输出$\{Y_j\}$，中间层到输出层的连接权值$\{\omega_{jk}\}$以及输出层节点k的偏置量v_k，求出对输出层节点k的输入S_k及相应的输出O_k。

（5）用学习模式的期望输出值T_k和输出O_k的差求输出层节点k的误差。

（6）用误差δ_k，从中间层到输出层的权值$\{\omega_{jk}\}$以及中间层的输出Y_j求中间层j的误差σ_j。

（7）用步骤（5）求得的δ_k以及Y_j和常数α、β对从中间层节点j到输出层节点k的权值$\{\omega_{jk}\}$及输出层节点k的偏置量v_k加以调整。

（8）用求得的σ_j以及I_i和常数α、β对从输入层节点i到中间层节点j的权值$\{\omega_{ij}\}$及中间层节点j的偏置量θ_j加以调整。

（9）输入下一个学习模式。

（10）若有学习模式则返回步骤（3）。

（11）更新学习次数。

（12）如果学习次数尚小于规定次数或其误差仍大于某一规定小数ε，则返回步骤（2）。

（13）学习结束后，网络的权系数不再改动，用网络进行模式识别或预测时，不需要迭代计算，只需进行前向运算一步完成。

4.4.4 BP 神经网络验证

4.4.4.1 BP 神经网络改进

BP 算法的实质仍然是梯度下降法，但它存在着陷入局部最小的问题，也存在着收敛速度慢的问题。为了解决 BP 算法上述两个问题，本书采用了引入动量项和学习率自适应调整的方法。

当引入动量项与学习率自适应调整后，有：

$$w_{ij}^{(q)}(t+1)=w_{ij}^{(q)}(t)+\alpha(t)\times\left[(1-mc(t))D_{ij}^{(q)}(t)+mc(t)D_{ij}^{(q)}(t-1)\right] \quad (4-20)$$

$$mc(t)=\begin{cases}0.95 & E(t)<E(t-1)\\ 0 & E(t)>E(t-1)\times 1.04\\ mc(t-1) & E(t)=E(t)\end{cases} \quad (4-21)$$

$$\alpha(t)=\begin{cases}1.05\times\alpha(t-1) & E(t)<E(t-1)\\ 0.7\times\alpha(t-1) & E(t)>E(t-1)\times 1.04\\ \alpha(t-1) & E(t)>E(t-1)\end{cases}\tag{4-22}$$

式中 $w_{ij}^{(q)}(t+1)$, $w_{ij}^{(q)}(t)$——$t+1$ 时刻与 t 时刻的连接权值；

$\alpha(t)$——t 时刻的学习率；

$mc(t)$——t 时刻的动量项；

$D_{ij}^{(q)}(t)$, $D_{ij}^{(q)}(t-1)$——t 与 $t-1$ 时刻的输出函数；

$E(t)$, $E(t-1)$——分别为 t 与 $t-1$ 时刻的网络误差。

4.4.4.2 网络设计及训练

在进行 BP 网络设计前，一般应从网络的层数、每层中的神经元个数、初始值以及学习方法等方面来进行考虑：

（1）网络的层数。增加层数可以更进一步地降低误差，提高精度，但同时也使网络复杂化，从而增加了网络权值的训练时间，而误差精度的提高实际上也可以通过增加隐层中的神经元数目来获得，其训练效果也比增加层数更容易观察和调整，所以一般情况下，应优先考虑增加隐层中的神经元数目。

（2）隐层的神经元个数。网络训练精度的提高，可以通过采用一个隐层，而增加其神经元个数的方法来获得。这在结构实现上要比增加更多的隐层简单得多。究竟选取多少个隐含节点才合适，理论上并没有明确的规定。在具体设计时，比较实际的做法是通过对不同神经元个数进行训练比较对比，根据结果选择最优的隐层神经元个数。

（3）初始权值的选取。由于系统是非线性的，初始值对于学习是否达到局部最小、是否能够收敛以及训练时间的长短关系很大。如果初始值太大，使得加权后的输入落在激活函数的饱和区，从而导致其导数 $f'(x)$ 非常小，使得调节过程几乎停顿下来。所以，一般取初始权值在（-1，1）之间的随机数。

4.4.4.3 数据与预测

选取输入层节点数3个即裂缝深度、长度、腐蚀时间；神经网络结构为一个输入层、一个输出层、一个隐含层的双层bp结构；训练前对数据进行归一化处理，将数据处理为［0，1］之间的数据，采用的公式如下：

$$\tilde{x} = \frac{x - x_{min}}{x_{max} - x_{min}} \tag{4-23}$$

式中 $\tilde{x}$——归一化后的数据；

x——试验测试的数据；

x_{min}——试验测试的数据最小值；

x_{max}——试验测试的数据最大值。

把180天腐蚀数据分为两部分，前150天作为学习训练，后30天检查数据输出值与实际值之间的误差是否满足要求，训练结果如图4-5和表4-7所示。

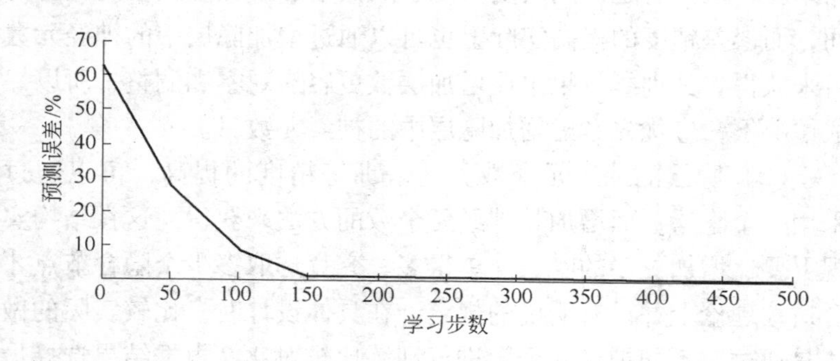

图4-5 BP网络训练误差曲线

分析表4-7数据（表中数据为归一化处理以后的数据值）可以看出，虽然部分数据误差较大，达到8.69%，但是预测的数据与实测数据误差基本控制在5%以内，在目前的技术条件下神经网络可以较好地实现对多因素盐害作用下的结果预测。

表 4-7 预测数据与测试数据比较

缝深/cm	缝长/cm	时间	测试值	预测值	误差
0	0	1	0.8471	0.8310	1.9
0	0.2	1	0.8231	0.8056	2.13
0.2	0.4	1	0.7739	0.7552	2.42
0.4	0.5	1	0.6444	0.6995	8.55
0.6	0.6	1	0.5133	0.5579	8.69
0.8	0.4	1	0.4112	0.3934	4.33
0.8	0.8	1	0.1063	0.0925	1.30
0.3	0.2	1	0.8011	0.8143	1.65
0.3	0.4	1	0.6763	0.6552	2.94
0.5	0.5	1	0.5321	0.5695	4.72
0.5	0.6	1	0.5257	0.5412	3.81
0.8	0.5	1	0.3748	0.3571	2.16
0.8	0.7	1	0.1122	0.1035	7.75
1	1	1	0	0	0

4.4.4.4 利用神经网络验证模型

根据训练的神经网络，输入不同的数值并与式（4-16）计算结果比较，见表4-8。预测值与模型计算值具有较好的一致性，证明公式的可行性和合理性。但从数据分析腐蚀时间越长两者之间差值越大表明模型有待进一步的修正，也需要更多数据训练神经网络。

表 4-8 模型数据与神经网络数据比较

缝深/cm	缝长/cm	时间/月	模型值/MPa	预测值/MPa	差值
2	10	12	77.41	74.37	-3.04
2	20	6	65.24	65.11	-0.13
3	10	14	42.47	48.35	5.87
3	20	8	48.36	51.21	2.58
4	10	10	30.16	28.55	-1.16
4	20	6	37.73	39.21	1.48
5	10	6	11.62	12.57	0.95
5	20	4	6.33	7.98	1.65

4.5 损伤混凝土声发射特性与损伤量评估

重大工程结构在长期的运行过程中，由于使用环境的恶劣，加之荷载、疲劳效应、腐蚀和材料性能退化等不利因素影响，不可避免地产生损伤积累和性能劣化，具有潜在的危险性；如果损伤积累得不到及时修复，发展到一定程度就可能导致工程结构的倒塌，造成巨大的经济损失和人员伤亡事故。因此，重大工程结构的检测和损伤评估是一个与科学技术、经济发展、社会和谐关系密切的重大问题。由于工程结构是按照力学原理设计的，不能感知自身的危险性、不能采取适当措施保护自己。为保障结构的安全、完整、耐久和可靠性，及时发现服役结构的损伤，科学决策结构物的健康状况，消除潜伏的隐患、避免灾害事故发生，采取适当的方法和手段对服役重大工程进行健康诊断成为国际社会研究的热点课题。本节采用分析与试验验证相结合的方法，探索通过声发射技术与超声波技术两类无损检测方法定量评估损伤混凝土的损伤量。

4.5.1 基于损伤力学的混凝土声发射理论

定量评价混凝土的损伤程度，对正确评估混凝土材料的可靠性和安全性、预测结构的剩余寿命有重要意义。但由于混凝土材料本身结构的复杂性，使得对混凝土损伤机理、损伤与其本身固有力学特性之间关系的研究及如何运用损伤理论对结构进行评价等方面的研究进展缓慢。其中最大的难点之一是对损伤因子缺少有效的测试方法和手段。

声发射是材料变形、裂纹开裂及扩展过程的现象，声发射过程同材料损伤过程之间一定有着密切的相关性。试验结果表明，声发射是混凝土在受载过程中的伴生现象，不同的受力情况表现出不同的声发射特征。因此，声发射参量与应力应变一样，属于一个本构参量。同时，声发射技术由于具有的动态、操作简便、缺陷来源于材料本身等特点，在这一领域的作用受到越来越多研究者重视。

混凝土在单轴压缩下的声发射特性与微小裂纹的发生过程相对应。微小裂纹增加、聚集导致主破坏发生，这意味着在特定载荷水平发生的裂纹，已存于已发生的裂纹总数。文献［57］将这种在某时刻的增长率与其过程相依存的现象用速率过程的统计模型表示。若定义混凝土材料从应力水平 L（%）到 $L+\mathrm{d}L$ 过程中产生声发射事件的概率密度函数为 $f(L)$，则有

$$\mathrm{d}N = f(L)N\mathrm{d}L \tag{4-24}$$

式中 $\mathrm{d}N$——AE 增加发生数；

$\mathrm{d}L$——压应力水平增加数；

$f(L)$——压应力发生概率密度函数，是载荷的函数；

N——AE 发生数。

假定 $f(L)$ 表达式为：

$$f(L) = \frac{a}{L} + b \tag{4-25}$$

式中 a，b——试验参数。

将式（4-25）代入式（4-24）进行积分，得到压应力水平与声发射事件总数量的关系式：

$$N = CL^{a}\exp(bL) \tag{4-26}$$

式中 C——积分常数；

其他字母含义与式（4-24）相同。

文献［125］认为混凝土材料的振幅分布谱函数属于负斜率线性分布谱，声发射事件总数、振幅比总和、振幅比平方总和满足以下关系式：

$$N = \int_1^b f(x)\mathrm{d}x = c(1 - c^{-(m-1)/m})/(m-1) \quad m > 1 \tag{4-27}$$

$$S = \int_1^b xf(x)\mathrm{d}x = c(1 - c^{-(m-2)/m})/(m-2) \quad m \neq 2 \tag{4-28}$$

$$B = \int_1^b x^2 f(x)\,\mathrm{d}x = c(1 - c^{-(m-3)/m})/(m-3) \quad m \neq 3 \tag{4-29}$$

$$S/N = \int_1^b x f(x)\,\mathrm{d}x \Big/ \int_1^b f(x)\,\mathrm{d}x = (m-1)(1 - c^{-(m-2)/m})/ (m-2)(1 - c^{-(m-1)/m}) \quad m \neq 2 \tag{4-30}$$

$$B/N = \int_1^b x^2 f(x)\,\mathrm{d}x \Big/ \int_1^b f(x)\,\mathrm{d}x = (m-1)(1 - c^{-(m-3)/m})/ (m-3)(1 - c^{-(m-1)/m}) \quad m \neq 3 \tag{4-31}$$

式中 N——声发射事件总数；

S——振幅比总和；

B——振幅比平方总和；

S/N——平均振幅比；

B/N——平均乘方振幅比；

c，m——常数。

4.5.2 混凝土损伤量表征

由文献知混凝土损伤变量可表示为：

$$D = \frac{A^*}{A} = \frac{A - \overline{A}}{A} \tag{4-32}$$

式中 D——损伤变量；

A——材料的原始截面积；

A^*——受损材料的损伤面积；

$\overline{A}$——受损材料的有效面积。

由式（4-32）知，$D=0$ 对应材料处于无损状态；$D=1$ 对应完全损伤状态；$0<D<1$ 对应于不同的损伤状态。目前测量材料的有效面积还无法做到，因此公式在实际中的应用受到限制。根据损伤力学的应变等效性原理，得到式（4-33）：

$$\varepsilon = \frac{\sigma}{E} = \frac{\overline{\sigma}}{E_0} \tag{4-33}$$

式中 σ——名义应力；

E——受损材料弹性模量；

E_0——有效应力作用材料的弹性模量；

$\bar{\sigma}$——有效应力。

考虑到 $\sigma A=\bar{\sigma}\bar{A}$，结合式（4-32）得：

$$\bar{\sigma}=\frac{\sigma}{1-D} \tag{4-34}$$

将式（4-33）代入式（4-34）得：

$$D=1-\frac{E}{E_0} \tag{4-35}$$

由式（4-33）推得：

$$\bar{\sigma}=E_0\varepsilon \tag{4-36}$$

由式（4-34）推得：

$$\sigma=\bar{\sigma}(1-D) \tag{4-37}$$

由式（4-36）和式（4-37）得到：

$$\sigma=E_0(1-D)\varepsilon \tag{4-38}$$

对式（4-38）两边同时微分，得到：

$$D=1-\frac{1}{E_0}\frac{d\sigma}{d\varepsilon} \tag{4-39}$$

比较式（4-35）和式（4-39）发现受损材料的弹性模量即为卸载曲线的斜率，混凝土损伤量可以通过混凝土的弹性模量表征。

4.5.3 声发射参数与混凝土损伤量关系

声发射参数与损伤量 D 成正比关系，因而可用下面公式表达：

$$D_p-D_0=f(a,b,c) \tag{4-40}$$

试验研究表明，D 与 a 具有比较强的相关性，而与 b，c 相关性较少。文献［67］认为 a 值的大小反映出了材料内部含有裂纹的多少，即 a 值与混凝土材料内部裂纹数量具有正比关系，所以可以认定损伤量 D 与 a 呈线性关系，即：

$$D_p - D_0 = \lambda a + \beta \tag{4-41}$$

式中 β，λ——常数。

从以上推导可以发现，混凝土的损伤与其弹性模量是紧密相连的，由式（4-33）得：

$$E^* = E_0(1 - D) \tag{4-42}$$

$$E_p = E_0(1 - D_p) \tag{4-43}$$

参考文献［48］，用 Loland 损伤模型将损伤参数量化：

$$D = D_0 + C\varepsilon^{\lambda} \tag{4-44}$$

将式（4-44）代入式（4-42），得：

$$E = E_0(1 - D_0 - C\varepsilon^{\lambda}) \tag{4-45}$$

$$E = E_0(1 - D_0) - E_0 C\varepsilon^{\lambda} = E^* - E_0 C\varepsilon^{\lambda} \tag{4-46}$$

对式（4-46）两边同乘 ε，得：

$$\sigma = E^* \varepsilon - E_0 C\varepsilon^{\lambda+1} \tag{4-47}$$

两边求导：

$$\frac{d\sigma}{d\varepsilon} = E^* - (\lambda + 1)E_0 C\varepsilon^{\lambda} \tag{4-48}$$

由于$\frac{d\sigma_p}{d\varepsilon_p} = 0$，则

$$E^* = (\lambda + 1)E_0 C\varepsilon_p^{\lambda} = (\lambda + 1)E_0(D_p - D_0) = (\lambda + 1)(E^* - E_p) \tag{4-49}$$

由式（4-41）得：

$$D_p - D_0 = (E^* - E_p)/E_0 \tag{4-50}$$

对于确定的混凝土结构，E_0 为常数，考虑应用方便，结合式（4-41），将式（4-50）转换为：

$$E^* - E_p = \lambda_1 a + \beta_1 \tag{4-51}$$

通过前面分析知 a 的变化与混凝土损伤紧密联系，对于初始时刻未受损伤的混凝土 a 为零，混凝土无损状态的弹模为：

$$E^* = E_0 + \beta_1 \tag{4-52}$$

式中 D_{p}——材料达到极限应变时的损伤量；

D_0——初始时刻损伤量；

σ——名义应力；

E——受损材料弹性模量；

E^*——有效应力作用材料的弹性模量，即无损状态下的弹性模量；

E_0——初始时刻混凝土弹性模量；

E_p——极限应力下混凝土弹性模量；

$\lambda, \beta, \lambda_1, \beta_1$——系数；

ε——混凝土应变；

ε_p——混凝土极限应力下的应变；

$\overline{\sigma}$——有效应力；

a, b, c——参数。

通过公式（4-50）知，如果获得混凝土的弹性模量，就可以确定混凝土的损伤量。但仅通过声发射技术只能确定参数中 a 的值，还不能定量确定混凝土的弹性模量，必须引入另外的参数。

4.5.4 超声与声发射结合确定混凝土损伤量

混凝土的损伤量、弹性模量与超声波速间有如下关系：

$$\frac{E}{E_0} \propto \left(\frac{v}{v_0}\right)^2 \tag{4-53}$$

式中 v_0——混凝土初始时刻的超声波速度；

v——混凝土损伤状态超声波速度。

文献［61］认为混凝土的超声波速与混凝土的强度具有如下关系：

$$\frac{P}{P_0} = \frac{v^2}{v_0^2} \tag{4-54}$$

高强度混凝土的强度与弹性模量的关系可表达为：

$$E = 3300\sqrt{f_c} + 6900 \tag{4-55}$$

式中 P——损伤混凝土的强度，MPa；

P_0——无损状态混凝土的强度，MPa；

f_c——混凝土标准抗压强度，MPa。

从以上分析发现混凝土材料的强度可以通过测定现场混凝土

的超声波速度由式（4－54）获得，也可以通过回弹法现场获得，利用式（4－55）就可以确定混凝土的弹性模量；参数 a 可以通过式（4－26）获得，利用式（4－51），式（4－52）可以获得 β、λ 及 E^* 的值，最终由式（4－35）确定混凝土的损伤量，这样建立了通过超声波速度与声发射技术这两种无损检测方法确定服役混凝土结构损伤程度的方法。

4.6 损伤混凝土定量评估试验

4.6.1 试验仪器

长春市朝阳仪器有限公司生产液压式屏显万能试验机如图4－6所示，沈阳计算机技术研究设计院设计 AE21C 声发射检测仪如图4－7所示，其主要特性参数见表4－9，ZBL－U520 非金属无损超声检测仪。

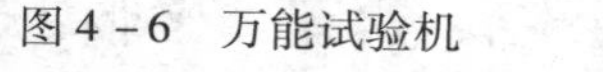

图4－6 万能试验机

图4－7 AE21C 声发射检测仪

表4－9 系统特性参数

参数名称	参数指标	参数名称	参数指标
振铃计数	16 位	能量计数	16 位
持续时间计数	16 位分辨率为 1μs	幅度	8 位 A/D 分辨率 0.5dB
平均电压电平	8 位 A/D 分辨率 0.5dB	外部模量	8 位 A/D 分辨率为全量程的 1/256

4.6.2 混凝土试件制作与测试

混凝土试件制作：试验中制作尺寸为 100mm × 100mm × 100mm 的 C70 混凝土试块，试块制作工艺、搅拌时间、振捣方式与第 3 章 C70 制作一致。试块养护 28d 后半浸泡于 A3 溶液中进行干湿浸烘试验，方式是先置于溶液 A_3 中浸泡 16h，再取出放入 80℃ 的烘箱内烘 6h，取出冷却 2h 为一个循环，如此反复进行，分别测试 10 次、20 次、30 次、…、50 次的抗压强度和声发射参数；对混凝土试块测量超声波速。试验过程中每 10 次循环更换新的溶液一次。试验中为进行对比，保留部分试块未受侵蚀。

本实验中声发射信号检测系统的参数设置：

声发射波形：连续波；

浮动门槛：有效；

通道数：1；

增益：20dB；

门槛：25dB；

撞击定义时间：100μs；

撞击间隔时间：300μs；

采样时间：0.05s；

耦合剂采用白凡士林；

试验中测试的部分混凝土试块声发射参数见附录 C。

4.6.3 损伤劣化混凝土声发射特性

C70 混凝土试块经过复合盐害浸烘循环，承载力下降强度降低，混凝土中微裂纹、裂纹数量增加。为分析劣化混凝土的声发射特性，取浸烘循环 0 次、20 次、30 次、40 次、50 次的混凝土试块进行分析，分别表示 Ⅰ、Ⅱ、Ⅲ、Ⅳ、Ⅴ，如图 4－8 所示。

由图 4－8 可知，腐蚀劣化混凝土与未腐蚀混凝土的声发射特性存在明显差别。腐蚀混凝土在低应力水平就有声发射事件发

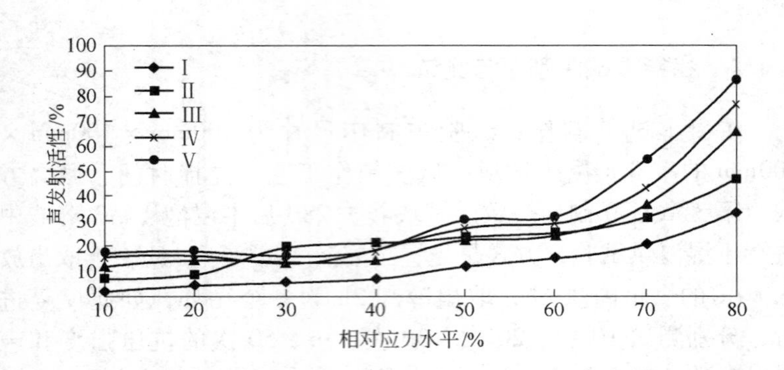

图 4 - 8 腐蚀劣化混凝土的声发射特性

生，且浸烘循环次数越多、腐蚀劣化越严重，低应力水平声发射事件数愈多；未受腐蚀混凝土在低应力水平基本不发生声发射，在中应力水平有声发射产生，接着进入相对平稳阶段，最后阶段声发射事件显著增加直至破坏。

4.6.4 混凝土损伤量确定

依据前面推导的基于损伤理论的声发射参数与损伤的关系，根据试验所得的数据，对混凝土进行损伤定量评估。声发射事件数与相对应力水平的数据见表 4 - 10。根据表 4 - 10 的数据，利用 Matlab7 数值分析软件按照式（4 - 26）进行数据拟合，得到不同混凝土试样的 a、b、c 数值见表 4 - 11 和表 4 - 12。

表 4 - 10 不同应力水平声发射数据

相对应力/%	试样 1	试样 2	试样 3	试样 4	试样 5
10	0.1285×10^4	5.151×10^4	1.03×10^4	0.074×10^4	0.122×10^4
20	0.3452×10^4	30.215×10^4	1.52×10^4	0.51×10^4	1.484×10^4
30	0.6219×10^4	42.536×10^4	1.84×10^4	0.60×10^4	2.929×10^4
40	0.8734×10^4	50.45×10^4	2.07×10^4	10.27×10^4	4.20×10^4
50	2.2768×10^4	55.15×10^4	2.32×10^4	19.25×10^4	6.04×10^4

续表 4－10

相对应力/%	试样 1	试样 2	试样 3	试样 4	试样 5
60	4.41×10^4	58.62×10^4	2.57×10^4	30.43×10^4	7.73×10^4
70	6.12×10^4	62.44×10^4	2.98×10^4	41.86×10^4	9.011×10^4
80	8.88×10^4	66.93×10^4	4.43×10^4	51.66×10^4	10.61×10^4
90	10.22×10^4	71.35×10^4	8.82×10^4	64.22×10^4	12.13×10^4

表 4－11 混凝土声发射参数

试 样	a	b	c
1	0.4437	0.0036	0.4937
2	0.9655	0.03151	0.00977
3	2.3254	－0.0353	0.041371
4	3.2906	0.001679	0.000028
5	3.3504	－0.03877	0.000097

表 4－12 混凝土试样损伤量

试样	V/km·s^{-1}	P/MPa	E_0	E	β_1	E^*	E/E^*	D	误差/%
1	5.52	74.15	3.723	3.681	0.10667	3.83	0.972	0.028	1.58
2	5.37	70.13	3.715	3.512	0.10667	3.83	0.917	0.083	1.64
3	5.11	63.55	3.722	3.3206	0.10667	3.83	0.867	0.133	4.55
4	4.75	54.8	3.723	3.133	0.10667	3.83	0.818	0.182	7.9
5	4.18	42.67	3.724	2.8457	0.10667	3.83	0.743	0.257	6.5

4.7 本章小结

本章通过试验分析了复合盐害溶液作用下承受压应力混凝土与裂缝混凝土的力学性能，采用 BP 神经网络对模型进行验证，利用损伤力学理论分析混凝土的损伤与声发射参数间的关系，得到通过声发射参数表征的混凝土损伤量的数学表达式。通过与超声波检测混凝土的特性结合，提出利用声发射与超声波速参数结合方法确定混凝土损伤量。得到结论如下：

（1）压应力存在对 C70 混凝土抗腐蚀既有有利的因素，也存在不利影响。在 20% 和 40% 压应力环境对混凝土抗侵蚀有利，混凝土强度劣化速度降低，应力的存在有利于提高混凝土耐久性；60% 压应力作用混凝土劣化速度加快，提出压应力作用下混凝土劣化腐蚀影响系数。

（2）深厚冲积层中井壁混凝土裂缝产生的主要诱发原因是大体积混凝土浇筑产生的温差引起的温度应力，通过理论分析得到计算井壁混凝土温差应力的表达式，利用该表达式计算副井的温度应力，结果表明副井井壁混凝土温度应力达到 4.86MPa，超过 C70 混凝土抗拉强度引发裂缝。

（3）采用数值拟合得到裂缝 C70 混凝土的抗压强度动力学模型，通过改进的 BP 神经网络程序验证模型的正确性；试验表明损伤混凝土的声发射参数与无损混凝土存在较大差异；损伤混凝土低应力水平存在较高的声发射事件数，建立了声发射与超声波定量评估混凝土损伤量的方法并通过试验验证了方法的正确性。

需要说明的是根据材料的声发射技术和超声波技术评价混凝土的损伤量，会受到材料性能、检测仪器、试验条件、制作方法等条件的影响。

5 基于腐蚀损伤的服役混凝土井壁时变可靠性

5.1 引言

盐害环境下腐蚀介质侵蚀混凝土导致井壁混凝土性能不断劣化，结构的实际使用寿命可能达不到设计使用年限就发生开裂或失效。这个问题越来越多地引起人们对服役井壁安全性的关注和重视，如何根据现有的理论和检测技术对在役混凝土立井进行可靠性评估，进而采取科学决策对井壁维修加固，避免灾害事故的发生，成为矿山安全非常关注的问题。本章在现有成果和现场调查的基础上，依据时变可靠度理论，重点介绍在役井壁结构的可靠性计算方法。

5.2 时变可靠度基本理论

5.2.1 结构体系可靠性

结构的损伤是从局部开始的，因此评估结构局部或构件的可靠性是评估整个结构可靠性的前提。局部或构件具有多种失效模式，这些不同的破坏模式和约束条件具有失效相关性，但与结构中局部或构件间的失效相关性不同，尽管有时某些功能函数或约束方程可能得到满足，但是只要有一个功能函数或约束函数不等式破坏，局部或构件即破坏。因此对结构的局部或构件可以近似采用失效模式全相关假设。在役结构系统可靠性失效时，系统内可靠度最低的单元首先失效，这样结构体系可靠度的求解问题可偏安全地转化为求解最弱单元最严重失效模式的失效概率问题，此时结构体系可靠度为：

$$P(Z \geqslant 0) = P\{V_i\} = \min_{i=1}^{n}\{V_i\} \tag{5-1}$$

$$n(v_{i,i} + \dot{\varepsilon}_{\text{vwc}}) + \dot{u}_{i,i} = 0 \tag{5-2}$$

式中 P——结构体系可靠度；

Z——功能函数；

V_i——随机事件。

同时结构的可靠性随时间的改变而变化，相应的结构系统的最弱单元及最严重失效模式也将随时间的改变而有所不同。在求解结构系统未来使用期内的失效概率时，必须在分析结构已使用阶段外界环境对结构腐蚀影响的基础上，结合实验检测所获结构抗力及荷载效应的部分信息，考虑在预定的后续使用期内抗力均值函数及方差函数的变化情况，并基于预定后续使用期内的荷载危险性分析，合理确定结构体系的最弱单元及相应的最严重失效模式，对其失效概率进行求解，即有：

$$P_f(t) = P\{[R(t) - S(t,T)] \leqslant 0\} \tag{5-3}$$

式中 P_f——失效概率；

t——时间，$t_1 \leqslant t \leqslant T$；

t_1——结构役龄；

T——后续使用期。

通过上述分析可知，合理地确定结构体系的受力危险单元及其失效模式，从而确定危险单元的失效概率，就可以准确掌握整个结构体系的可靠性。因此确定深厚冲积层立井的危险单元是确定整个立井可靠性的前提和关键。

5.2.2 材料抗力衰减的随机过程

结构设计时，钢筋混凝土构件抗力表达式为：

$$R = k_p R_p(f_{c_i}, a_i)\ (i = 1, 2, \cdots, n) \tag{5-4}$$

式中 k_p——反映计算模式不定性随机变量，取正态分布；

f_{c_i}——结构第 i 种材料的材料性能，取随机变量；

a_i——第 i 种材料相应的构件几何参数，为随机变量；

$R_p(f_{c_i},\ a_i)$——设计规范规定的抗力函数式。

一般大气环境中的在役钢筋混凝土构件，随着混凝土的碳化和钢筋锈蚀抗力不断衰减，混凝土材料性能和钢筋材料性能都随时间不断发生变化，可用公式表示：

$$R = k_p R_p[f_c(t), A_1;\ f_y(t), A_2(t)] \tag{5-5}$$

式中　$f_c(t)$——混凝土材料性能，用随机过程描述；

A_1——混凝土对应的构件几何参数，实测确定；

$f_y(t)$——钢筋材料性能，用随机过程描述；

$A_2(t)$——钢筋对应的构件几何参数，随机变量。

5.2.2.1　混凝土材料强度衰减分析

立方体抗压强度是确定构件抗力的重要基本参数，其随时间变化的规律是建立在服役结构抗力变化模型的基础上的。一般大气环境混凝土立方体抗压强度平均值和标准差随时间变化的数学模型：

$$\mu_f(t) = \mu_{f0} \times 1.4529e^{-0.0246(\ln t - 1.7154)^2} \tag{5-6}$$

式中　$\mu_f(t)$——经过 t 年后混凝土立方体抗压强度的平均值；

μ_{f0}——混凝土 28 天立方体抗压强度的平均值。

立方体抗压强度的标准差：

$$\sigma_f(t) = \sigma_{f0}(0.0305t + 1.2368) \tag{5-7}$$

式中　$\sigma_f(t)$——经过 t 年后混凝土立方体抗压强度的标准差；

σ_{f0}——混凝土 28 天立方体抗压强度的标准差，每一时刻都服从正态分布。

盐害环境下的强度损伤规律见第 4 章分析。

5.2.2.2　钢筋材料强度衰减分析

混凝土中锈蚀钢筋屈服荷载存在两个方面的变异性：一是截面面积锈蚀损失率变化的变异性，可以看作以时间 t 为参数的随机过程；二是钢筋屈服荷载随面积锈蚀率的变异性，屈服荷载可以看作以截面锈蚀损失率为参数的随机过程。在一般环境中，钢筋的锈蚀改变了其截面积和材料性能，屈服荷载是随时间变化的。钢筋屈服荷载的概率模型为：

$$F_y(t)=F_{y0}[0.986-1.038\eta_s(t)]+\varepsilon(t) \tag{5-8}$$

式中 $\eta_s(t)$——钢筋截面面积损失率，%；

$\varepsilon(t)$——平稳随机过程，且每一点都服从标准正态分布。

A 钢筋锈蚀量计算

钢筋的锈蚀是电化学腐蚀中最普遍的形式之一。依据电化学原理，建立计算钢筋锈蚀量的数学模型，考虑环境湿度小于腐蚀临界湿度的情况及溶解于水膜中的氧对锈蚀的影响，对锈蚀量修正。

（1）混凝土开裂前（$t_0 \leqslant t \leqslant T_{cr}$），$t$ 时刻钢筋锈蚀量：

$$\begin{cases}\text{潮湿环境 } Q_t=2.35P_0D_0\dfrac{R}{k_c^2}\left[\sqrt{R^2-(R+c-k_c\sqrt{t})^2}-(R+c-k_c\sqrt{t})\arccos\dfrac{R+c-k_c\sqrt{t}}{R}\right]\\ \text{干燥环境 } Q_t=2.23P_0D_0\dfrac{R}{k_c^2}\left[k_c\sqrt{t}-c+X_0\ln\dfrac{k_c-X_0}{c}\right]\arccos\dfrac{R+c-k_c\sqrt{\xi}}{R}\end{cases} \tag{5-9}$$

（2）混凝土开裂后（$t \geqslant T_{cr}$），t 时刻锈蚀质量（不包括开裂前的锈蚀量）为：

$$Q_{tr}=1.173P_0D_0(t-t_{cr}) \tag{5-10}$$

（3）任意时刻钢筋的锈蚀量 Q_t：

1）潮湿环境：

$$Q_t=\begin{cases}2.35P_0D_0\dfrac{R}{k_c^2}\left[\sqrt{R^2-(R+c-k_c\sqrt{t})^2}-(R+c-k_c\sqrt{t})\arccos\dfrac{R+c-k_c\sqrt{t}}{R}\right] & (t_0\leqslant t\leqslant T_{cr})\\ Q_{cr}+1.173P_0D_0 & (t\geqslant T_{cr})\end{cases} \tag{5-11}$$

2）干燥环境：

$$Q_t=\begin{cases}2.23P_0D_0\dfrac{R}{k_c^2}\left[k_c\sqrt{t}-C+X_0\ln\dfrac{k_c\sqrt{t}-X_0}{c}\right]\arccos\\ \dfrac{R+c-k_c\sqrt{\xi}}{R}\quad(t_0\leqslant t\leqslant T_{cr})\\ Q_{cr}+1.173PD\quad(t-t_{cr})\quad(t\geqslant T_{cr})\end{cases}\tag{5-12}$$

式中 P_0——大于腐蚀临界湿度的概率；

D_0——氧气在结构中的扩散系数；

R——钢筋半径；$c=d_0$（等效保护层厚度），对干燥环境 $c=d_0+X_0$。

k_c——混凝土碳化系数，$k_c=k_ek_t\left[\dfrac{24.48}{\sqrt{f_c}}-2.74\right]$；

k_e——环境影响系数，潮湿的环境取 1.2～1.8；

k_t——混凝土养护时间系数，一般取 1.0～1.5。

B 钢筋锈蚀开裂时间的确定

钢筋锈蚀产生体积膨胀，当锈蚀量超过某一限值时，混凝土保护层就会开裂或产生裂缝。根据长期观测和快速试验，得出大气条件下钢筋锈蚀后面积损失率随时间变化的规律：

$$\eta_s(t)=\beta_1\beta_2\beta_3\beta_4\left(\frac{4.18}{f_{cuk}}-0.073\right)(1.85-0.04C)\left(\frac{5.18}{D}+0.13\right)F(t)\tag{5-13}$$

式中 $\eta_s(t)$——钢筋截面面积损失率，%；

β_1，β_2，β_3，β_4——分别为混凝土成型养护条件修正系数（取 1.0）、水泥品种修正系数（普通水泥为 1.0，矿渣水泥为 1.7）、环境作用效应系数、钢筋位置影响系数（角部取 1.0，平面取 0.67）；

f_{cuk}——混凝土立方体抗压强度标准值，MPa；

C——混凝土保护层厚度，mm；

D——钢筋直径，mm；

$F(t)$——环境有效作用时间的影响系数，取 $F(t)=t$，a。

由式（5-13）求得开裂时间：

$$T_{cr}=\frac{\eta_{s开裂}}{\beta_1\beta_2\beta_3\beta_4\left(\frac{4.18}{f_{cuk}}-0.073\right)(1.85-0.04C)\left(\frac{5.18}{D}+0.13\right)} \tag{5-14}$$

$$\eta_{s开裂}=\frac{\frac{1}{4}\times\frac{\pi}{4}\left[D^2-(D-2H)^2\right]}{\frac{\pi}{4}D^2}=\frac{H(D-H)}{D^2} \tag{5-15}$$

式中 H——锈蚀深度，$H=\frac{\Delta y}{\alpha}$；

Δy——锈蚀厚度；

α——钢筋锈蚀产物名义体积膨胀系数。

5.2.2.3 抗力的概率密度函数

在实际应用中，随机过程是应用一系列随机变量代替，即把 $R(t)$ 离散为 $\{R(t_i)\}$，在某时刻的分布按概率论中心极限定理可假定服从对数正态分布。即在任意时刻 t 抗力的概率密度函数可表示为：

$$F_{R(t)}=\frac{1}{\sqrt{2\pi}\varepsilon_{R(t)}r}\exp\left[-\frac{(\ln r-\lambda_{R(t)})^2}{2\varepsilon_{R(t)}^2}\right] \tag{5-16}$$

式中 $\varepsilon_{R(t)}$——t 时刻抗力为 $R(t)$ 的对数标准差，$\varepsilon_{R(t)}=\sigma[\ln R(t)]$；

$\lambda_{R(t)}$——t 时刻抗力为 $R(t)$ 的对数平均值，$\lambda_{R(t)}=E[\ln R(t)]$。

5.2.2.4 冻结井壁抗力统计分析

影响冻结井井壁结构抗力的主要因素有井壁结构材料性能不

定性、几何参数不定性和计算模式不定性。由于井壁结构抗力和各基本变量不定性有关，抗力分析必须从各个基本变量的不定性入手，首先求得各个基本随机变量的统计参数及概率分布。文献[139]通过对淮南、淮北、大屯、兖州等矿区冻结井井壁施工情况调查，收集了几十个井壁结构设计、施工参数，并采用无损检测方法实测了数十个井壁结构实际的混凝土强度，参照《建筑结构设计统一标准》（GBJ 68—1984），求得内外层冻结井井壁材料性能不定性、几何参数不定性及计算模式不定性统计参数及概率分布，见表5－1～表5－4。

表5－1 混凝土材料不定性

项目	混凝土设计强度等级					
	系数	C20	C30	C40	C60	C70
内层井壁	μ	0.9267	0.9267	0.9267	0.9267	0.9267
	δ	0.3346	0.4123	0.3406	0.3353	0.3098
外层井壁	μ	0.8741	0.8741	0.8741	0.8741	0.8741
	δ	0.5187	0.4310	0.3980	0.3759	0.3356

表5－2 钢筋材料不定性

项目	系数	钢筋种类		
		Ⅰ级	Ⅱ级	Ⅲ级
内外层井壁	μ	1.04	1.15	1.10
	δ	0.089	0.074	0.071

表5－3 几何参数不定性

内层井壁几何参数不定性				外层井壁几何参数不定性			
内半径		壁厚		内半径		壁厚	
μ	δ	μ	δ	μ	δ	μ	δ
1.0045	0.0225	1.0381	0.0903	0.9995	0.0176	1.1006	0.1419

表 5-4 计算模式不定性

内层井壁		外层井壁	
μ	δ	μ	δ
0.9023	0.2107	0.8212	0.1715

5.3 钢筋混凝土井壁的时变可靠度分析

5.3.1 服役混凝土井壁功能函数

5.3.1.1 服役结构可靠度特点

服役结构是已经建成并投入使用的构筑物，对服役结构而言，人们关心的问题一是结构在既定的工作条件和正常维护条件下，使用若干年后的可靠性水平如何；二是对已经使用若干年的结构，在今后某一个使用期内的可靠性水平如何。根据人们对服役结构的这一要求，服役结构的可靠性必然与结构的使用时间有关。

与结构设计的可靠性相比，服役结构的可靠性具有如下特点：

（1）规定条件不同。可靠性原来定义中的规定条件为正常设计、正常施工、正常使用、正常维护，但对服役结构来说，设计、施工已经成为历史，正常设计、正常施工已经不存在，而设计时要求的正常使用，在结构使用过程中可能发生变化。

（2）规定时间不同。可靠性设计中的规定时间是结构的“设计基准期”（一般为 50a），是固定不变的。对服役结构来说，人们主要关心结构在后续使用时间的可靠性，因此，其规定时间为结构的后续使用期，而后续使用期则主要取决于结构的使用者和结构当前的技术状况，它可以是变化的。

（3）预定功能不同。结构的预定功能具体以结构的极限状态表示，一般来说，服役结构的预定功能与结构设计时相同。但当结构的使用目的或工作条件有较大改变时，它们也有可能发生变化。例如：计划在近期对结构进行大修时，则可放宽对结构适用性的要求；当环境湿度由于结构用途的改变而增大时，人们对钢筋混凝土结构构件最大裂缝宽度的容许值就会提出更严格的要求。

(4) 荷载与抗力的变化。根据服役结构的特点，服役结构的荷载在很多方面与设计时不同，由环境因素引起的结构耐久性能退化与抗力衰减，将是服役结构可靠性的基本特征。

5.3.1.2 服役混凝土立井的功能函数

深厚冲积层中的钢筋混凝土立井设计使用寿命都在50年以上，有的甚至达到70年以上，如龙固矿井70年、济北矿区许厂矿设计服务年限86年、唐口矿96年。对于服役结构来说，由于矿区地质环境等因素的影响，混凝土结构的耐久性能下降、导致抗力衰减，结构的抗力将是使用时间的函数；另外，由于表土沉降与疏排水引起的竖向附加力也是时间的函数。因此井壁的抗力和所承受荷载都是时间的函数，必须用随机过程模拟服役结构的抗力和荷载。于是，井壁结构的功能函数可以表示为：

$$Z(t)=R(t)-S(t) \tag{5-17}$$

式中 $Z(t)$——混凝土井壁极限状态随机过程；

t——井壁服役时间；

$S(t)$——荷载作用效应随机过程；

$R(t)$——结构抗力随机过程。

式（5-17）称为基于时变可靠性的“全随机过程模型”，它是结构可靠性的动态模型。可靠性的“全随机过程”模型使得结构的可靠性分析更为复杂。目前直接用式（5-17）计算结构的可靠度尚有许多困难，鉴于随机变量模型的可靠性分析已较为成熟，设法将“全随机过程”模型转化为随机变量模型，将是解决服役结构可靠性分析的有效途径。因此提出一种服役结构可靠性分析的简化方法。根据随机过程的定义，功能随机过程 $Z(t)$ 可以用整个使用期［0，T_s］上的一族随机变量代替，即

$$Z(t)=\{Z(t_1),Z(t_2),\cdots,Z(t_n),\cdots\} \tag{5-18}$$

令 $Z_{\min}=\min Z(t)$ 为功能随机过程的最小值，$Z_{\min}$ 是随机变量。显然，若 $Z_{\min}$ 大于零，则 $Z(t)$ 必然大于零，于是，结构可靠度指标可偏安全地表示为：

$$P_{st}=P\{Z_{\min}>0\} \tag{5-19}$$

$$Z_{\min}=\min\{R(t)-S(t)\} \tag{5-20}$$

式（5-20）可进一步偏安全地简化为：

$$Z_{\min}=R_{\min}-S_{\max} \tag{5-21}$$

式中 $R_{\min}=\min R(t)$——服役基准期［0，T_s］上抗力随机过程的最小值随机变量；

$S_{\max}=\max S(t)$——服役基准期［0，T_s］上荷载效应随机过程的最大值随机变量。

于是，可靠度指标可以表示为：

$$P_{st}=P\{Z_{\min}-S_{\max}>0\} \tag{5-22}$$

文献［139］给出冻结井壁的功能函数表达式：

$$Z=\left(\frac{\lambda\sigma_c}{1-\lambda K}+\mu_g\sigma_g\right)-P \tag{5-23}$$

式中 λ——井壁厚度和半径之比；

σ_c——混凝土轴心抗压强度；

μ_g——井壁中环向配筋率；

σ_g——钢筋的屈服强度；

K——井壁中强度系数，由试验确定；

P——井壁承受的外荷载。

立井在服役期间抗力随时间衰减、荷载特别是竖向附加力增加，因此功能函数应体现抗力和荷载的变化，结合前面的分析，确定立井井壁的功能函数为：

$$Z=\left(\frac{\lambda\sigma_{c\min}}{1-\lambda K}+\mu_g\sigma_{g\min}\right)-P_{\max} \tag{5-24}$$

$Z>0$ 井壁处于安全状态；

$Z=0$ 井壁处于极限平衡状态；

$Z<0$ 井壁处于危险状态。

因此只要确定立井井壁的危险截面和危险位置，分析得到材料抗力的最小值和荷载的最大值，就可以按照功能函数式(5－24)计算井壁的可靠性指标，确定立井是否安全可靠及剩余寿命。

5.3.2 服役井壁荷载

5.3.2.1 深厚冲积层井壁的荷载

分析确定立井井壁服役期间承受的荷载是计算井壁可靠度指标的前提，井壁的外载包括自重、水土体的侧压力、温度应力、竖直附加力等。由于特殊的设计工艺，复合双层钢筋混凝土井壁在服役期间外壁和内壁承受的荷载不同，其受力如图5－1所示。

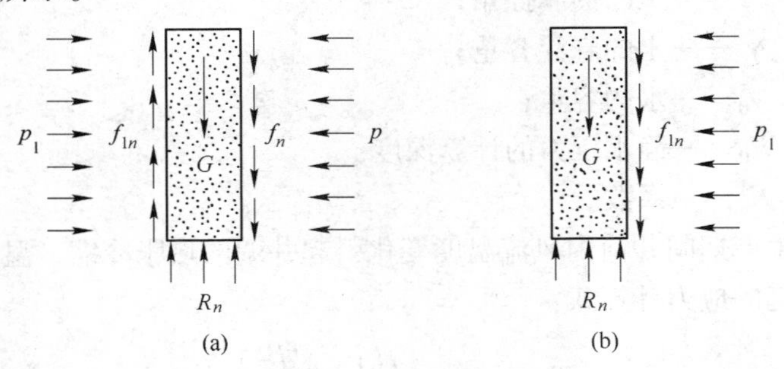

图5－1 服役期间井壁内、外壁荷载
（a）外壁；（b）内壁

图5－1中 G 代表井壁自重、f_n 为竖直附加力、p 为水平地压、p_1为静水压力、R_n 为井壁支撑力。

自重包括钢筋混凝土井壁质量、立井井筒装备质量，井壁自重荷载引起的自重应力计算式：

$$\sigma_g=\gamma_h H \quad (5-25)$$

式中 σ_g——自重应力，kPa；

γ_h——钢筋混凝土井壁重力密度，取25kN/m^3；

H——计算深度，m。

常规水平地压计算公式：

$$p_h = \gamma H \tan^2\left(45 - \frac{\phi}{2}\right) = \gamma H K_n \qquad (5-26)$$

多层性质不同的土体构成，水、土压力分别计算再相加：

$$p_h = \left(\sum_{i=1}^{n} \gamma' h_i\right)\tan^2\left(45 - \frac{\varphi}{2}\right) + \gamma_0 H_0 \qquad (5-27)$$

工程中常用经验公式：

$$p_h = KH \qquad (5-28)$$

式中 p_h——水平荷载；

γ——土的容重；

H——计算深度；

φ——土的内摩擦角；

γ'——土的悬浮容重；

γ_0——水的容重；

H_0——静水压力的计算深度；

K_n——系数。

生产期间井筒内风流温度变化引起井壁的热胀冷缩，温度改变引起的应力计算式：

$$\sigma_t = -E\alpha\Delta T\left(1 - \frac{ch\beta z}{ch\beta H}\right) \qquad (5-29)$$

文献［151］给出在表土段与基岩交界处的温度应力计算式：

$$p_t = \frac{E\alpha\Delta T}{\dfrac{b^2 + a^2}{b^2 - a^2} - \mu} \qquad (5-30)$$

式中 σ_t——井壁竖向温度应力；

E——混凝土弹性模量；

α——井壁混凝土热膨胀系数；

H——立井井筒表土段深度；

ΔT——井壁平均温度变化值；

z——计算点至立井井壁固定端的深度；

μ——混凝土泊松比；

a，b——井壁的内外半径；

β——系数。

5.3.2.2 竖直附加力

竖直附加力是井壁的主要外载，是导致井壁破裂的主要原因，文献［163］~［166］对竖直附加力进行深入研究，得到其变化规律总结如下：

当含水层水压随时间线性下降时，附加力是线性增长的；而当含水层水压不再下降时，附加力也很快趋于稳定，附加力的增长率与含水层降压速率近似成正比关系，见表5－5。对于降压速率v为0.11MPa/a（每年11.4m），含水层的厚度为9.6m时，附加力随时间的变化规律可按下式近似计算：

$$f_n = b\tau \tag{5-31}$$

式中 f_n——竖直附加力，kPa；

b——试验系数，kPa/月；

τ——时间，月。

表5－5 竖直附加力的增长率与含水层降压速率的关系

v	b	黏土	砂质黏土	黏土质砂	砂土
降压速率 /MPa·月$^{-1}$	0.06	0.020141	0.130877	0.295366	0.884164
	0.114	0.257981	0.552454	1.07570	1.40156
	0.168	0.359439	0.965294	1.90204	1.45531

在实际工程中疏排水层的水位随时间的下降不一定是线性的，为便于应用试验结果，文献［169］、［171］将附加力与排水时间的关系转换为附加力与疏排水层水压降之间的关系，即：

$$f_n = c\Delta p \tag{5-32}$$

式中 Δp——疏排水层的水压下降量，MPa；

c——附加力随疏排水层水压下降量的增长率，$c = 105.26b$，kPa。

文献［166］计算了一深厚冲积层立井井壁竖直附加力的平均值为127.5kPa、标准差17.8kPa。

5.3.3 深厚冲积层井壁危险位置确定

矿山立井在设计之前都有一个地质勘探阶段，根据地质勘探资料依据竖直附加力理论可以确定立井最大危险点的位置，从而在设计、运行阶段采取相应的重点加强措施。对于已经服役的立井，也可以通过该理论确定最大竖直附加力的位置，在立井日常维护中采取加强措施。

立井井壁表面产生的竖直附加力并不是发生在整个深厚冲积层和整个井壁上，其深度是井壁侧土层对井壁产生相对下沉的范围，它与井壁侧土的压缩、固结、井壁弹性压缩变形及井壁下沉等因素有关。井壁侧土的压缩与地表作用荷载及土的压缩性质有关，并随深度逐渐减少，由于基岩的存在，表土层的下沉量为一个定值，以井壁基座以上部分的井壁为研究对象，井壁上部相对于土层的运动趋势是向上的，其受到的力是向下的；靠近基座部分受到的力是向下的，其竖直附加力是向上的。因此在一定深度内，井壁土无相对位移，竖直附加力变化率等于零，该断面称之为最危险点或中性层。中性层是竖直附加力变化、井壁、土相对位移变化和纵向压力沿着井壁变化的特征点，见图5-2中的

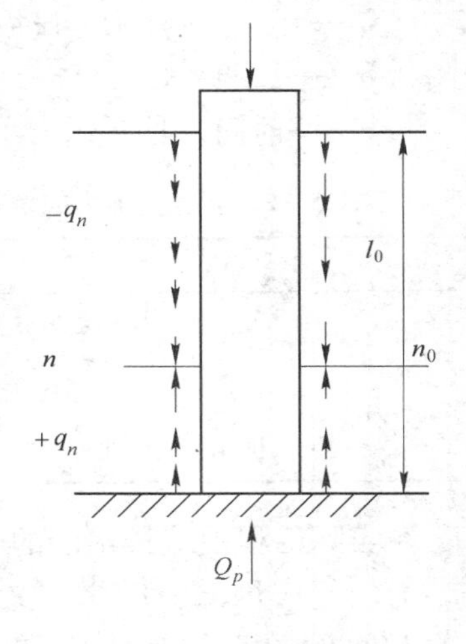

图5-2 最大危险位置（中性层）示意

$n-n_0$界面。中性层位置承受井壁的最大竖向荷载，而竖直附加力达到最大值是立井井壁破坏的主要原因。

文献［168］通过分析，得到确定中性层位置计算公式，但是公式中把整个立井井壁侧面土层作为一个整体，采用同一个重力密度，产生误差较大，考虑到深厚冲积层中含不同重力密度的土层较多，对公式进行修正如下：

$$Z=\sqrt{\frac{H^2}{2}-\frac{\sum_{i=1}^{19}[\rho_{ci}H_i]\cdot(D_i^2-d_i^2)}{4k\lambda\sum_{i=1}^{19}(D_i\rho_{si})}} \tag{5-33}$$

考虑到基座、基岩段井筒对表土层段井筒的支撑力以及温度应力的影响，中性层的位置可以表达为：

$$Z_l=k'Z$$

k'通过下述公式确定：

$$(k'^2-1)k\lambda\pi\rho DZ^2=\alpha\Delta TEA+\frac{\pi\rho_c(D^2-d^2)(H-Z)}{8}-\frac{k\lambda\rho_s\pi D(2H^2-HZ-Z^2)}{6} \tag{5-34}$$

式中 H——表土层立井井壁高度；

ρ_s——表土层密度；

ρ_{si}——第 i 层表土密度；

ρ_c——混凝土密度；

ρ_{ci}——第 i 表土层所处混凝土井壁密度；

k——井壁与表土层间的摩擦系数；

λ——侧向压应力系数；

D——井壁外半径；

D_i——第 i 层表土所处井壁外半径；

d——井壁内半径；

d_i——第 i 层表土所处井壁内半径；

α——井壁热膨胀系数；

ΔT——井壁的最大温差；

E——立井混凝土弹性模量；

A——井壁截面面积。

5.3.4 钢筋混凝土井壁危险截面

根据文献［171］~［172］的推导，井壁的径向应力、切向应力及位移的计算表达式为：

$$\sigma_r = -\frac{r_2^2}{r_2^2 - r_1^2}\left(1 - \frac{r_1^2}{r^2}\right)P \tag{5-35}$$

$$\sigma_\theta = -\frac{r_2^2}{r_2^2 - r_1^2}\left(1 + \frac{r_1^2}{r^2}\right)P \tag{5-36}$$

$$u = -\frac{1-\nu}{E}\cdot\frac{r_2^2 P}{r_2^2 - r^2}\cdot r - \left(\frac{1+\nu}{E}\cdot\frac{r_1^2 r_2^2 P}{r_2^2 - r_1^2}\cdot\frac{1}{r}\right) \tag{5-37}$$

由于 $r \geqslant r_1$，所以 σ_r、σ_θ 均为压应力，且 $|\sigma_\theta| > |\sigma_r|$，即最大应力发生在井壁切线方向。

若 $r = r_1$，则井壁内壁表面应力和径向位移计算公式为：

$$\sigma_r = 0$$

$$\sigma_\theta = -\frac{2P}{1-K^2} \tag{5-38}$$

$$u = -\frac{2P}{E}\cdot\left(\frac{r_1}{1-K^2}\right) \tag{5-39}$$

若 $r = r_2$，代入式（5-35）~式（5-37）中，则井壁外壁表面应力和径向位移计算公式为：

$$\sigma_{\theta(r_2)} = -\frac{1+K^2}{1-K^2}P \tag{5-40}$$

$$u_{r_2} = -\frac{r_2}{E}\left(\frac{1+K^2}{1-K^2} - \nu\right)P \tag{5-41}$$

$$\sigma_r = -P$$

同理，当 $r_2 \to \infty$，$K \to 0$ 时：

$$\sigma_{\theta(r_2)} = \sigma_{r(r_2)} = -P;\ u_{r_2} = -\frac{r_2}{E}(1-\nu)P$$

式中 σ_r——立井井壁径向应力；

σ_θ——立井井壁切向应力；

u——井壁径向位移；

E——混凝土弹性模量；

r——井壁内一点到井壁中心的距离；

P——作用在井壁的外荷载；

r_1——井壁内半径；

r_2——井壁外半径；

ν——混凝土的泊松比；

K——系数，计算方法为 $K = r_1/r_2$。

根据第三强度理论，相当应力 $\sigma_q = 0 \leqslant [\sigma]$

上述推导结论证明：立井井壁受外荷载（压力）作用时，$|\sigma_\theta|$ 值最大，且发生在内壁表面。从以上的分析可知，深厚冲积层钢筋混凝土立井井壁的最危险位置位于中性点附近，且破坏最先发生在内井壁的内表面。

5.3.5 服役井壁时变可靠度计算方法

如果功能函数的概率密度分布函数已知，则可靠度为：

$$p_s = P\{Z \geqslant 0\} = \int_0^\infty f_z(Z)\,\mathrm{d}z \tag{5-42}$$

如果结构抗力和作用荷载的方差、均值能够计算且服从正态分布，则可靠度计算：

$$\beta = \frac{\mu_R - \mu_s}{\sqrt{\sigma_R^2 + \sigma_s^2}} \tag{5-43}$$

$$\beta = \frac{\varphi_R \cdot \mu_R - \varphi_s \cdot \mu_s}{\sqrt{(\psi_R \sigma_R)^2 + (\psi_s \sigma_s)^2}} \tag{5-44}$$

上述公式中计算可靠度需要知道功能函数的平均值和标准

差，当影响结构的随机变量较多时，确定其功能函数的均值和标准差比较困难，目前计算井壁可靠度应用比较成熟的是一次二阶矩法的中心点法。该方法是在基本变量的概率分布尚不清楚时，将功能函数在展开成泰勒级数，然后做线性化处理。计算公式如下：

$$\beta = \frac{\mu_z}{\sigma_z} \approx \frac{\mu_z^*}{\sigma_z^*} = \frac{g(\mu_{x1},\mu_{x2},\cdots,\mu_{xn})}{\sqrt{\sum_{i=1}^{n}\left[\frac{\partial}{\partial x_i}g(\mu_{x1},\mu_{x2},\cdots,\mu_{xn})\sigma_{x_i}\right]}} \tag{5-45}$$

式中 $g(\mu_{x1}, \mu_{x2}, \cdots, \mu_{xn})$ ——功能函数在中心点处的均值；

μ_z^* ——中心点处的均值；

σ_z^* ——中心点处的标准差；

σ_{x_i} —— x_i 点处的标准差；

μ_{x_i} —— x_i 点处的均值。

5.4 某矿副井井壁时变可靠度计算

5.4.1 井壁危险位置确定

巨野矿区某矿副井采用冻结法施工，井筒净直径7.0m，井筒全深877.8m，内外双层钢筋混凝土复合井壁，在 -500 ~ -622m段内层井壁设计有钢板井壁，具体钢筋配置见表5-6，参数取值：

$\Delta T = 25$℃；$k = 0.3$；$\lambda = 0.333$；$\alpha = 1.2 \times 10^{-5}$；$E = 36.5$GPa；$\rho_c = 2500\text{kg/m}^3$；$\rho_s = 2000\text{kg/m}^3$。

表5-6 表土层井壁钢筋配置

井筒深度/m	井壁厚度/mm	混凝土	环向钢筋	竖向钢筋	径向钢筋
5~90	500	C30	ϕ20@250	ϕ20@250	—
90~120	500	C40	ϕ20@250	ϕ20@250	—

续表 5-6

井筒深度 /m	井壁厚度 /mm	混凝土	环向钢筋	竖向钢筋	径向钢筋
120~140	500	C40	φ20@250	φ20@250	—
140~160	500	C40	φ25@250	φ25@250	—
160~210	700	C50	φ25@250	φ25@250	—
210~250	700	C50	φ25@250	φ25@250	—
250~280	700	C50	φ25@250	φ25@250	—
280~340	900	C60	φ25@200	φ25@200	—
340~400	900	C60	2φ25@200	2φ25@200	φ16@400×500
400~430	900	C60	2φ25@200	2φ25@200	φ16@400×500
430~460	1100	C60	2φ28@200	2φ25@200	φ16@400×500
460~480	1100	C70	2φ32@200	2φ25@200	φ16@400×500
480~500	1100	C70	2φ32@200	2φ28@200	钢板
500~530	1100	C70	2φ32@200	2φ28@200	钢板

依据式（5-33），代入各参数计算最大危险位置 z：

$$z=\left[\frac{(576.6)^2}{2}-\frac{2500\times576.6\times40}{4\times0.3\times0.333\times11\times2000}\right]^{\frac{1}{2}}=399.7\text{m}$$

k'系数根据式（5-34）计算，代入参数，整理得：

$$(k'^2-1)\times3.3607=2.0761+0.02275-0.5138$$

$$k'=1.2413$$

因此最危险位置为：$z_1=1.2413\times399.7=496.15\text{m}$

文献［169］的计算结果认为计算过程中由于参数取值及假定使理论计算数据存在一定误差，最大误差在±3%，因此确定中性层位置在-481.27～-511.01m之间。根据现场调研及井壁设计资料，立井内壁在-500m以下设计内钢板、钢筋混凝土井壁，其极限承载力比同类条件钢筋混凝土井壁提高10%以上，耐久性能强于普通钢筋混凝土井壁，因此最终确定危险位置在疏水层中的-490～-500m间，经过现场勘察，确定标高-495～-496m含0.4～0.6mm裂缝，取该深度范围高度1m的内壁混凝土作为计算单元。

5.4.2 井壁时变可靠度指标计算与分析

传统的立井井壁设计不考虑耐久性的作用，为对比验证，井壁混凝土可靠性指标的计算分为三类情况：考虑一般大气环境条件井壁可靠性指标变化；考虑环境水的盐害腐蚀的可靠性指标变化；考虑腐蚀环境水作用下裂缝混凝土的可靠性指标变化。

立井投入生产运营的时间定为初始时刻，分别计算三种条件下0a、10a、20a、30a、40a、50a、60a、70a 的可靠性指标。

5.4.2.1 一般大气环境井壁可靠度计算

由式（5－45），初始时刻的可靠性指标计算过程如下：

$$\beta=\frac{\dfrac{0.3143\times1.25\times44.5}{1-2.6\times0.3143}+0.044\times1.14\times335-8.688}{\sqrt{(0.15\times44.5)^2+(0.07\times335)^2+0.8688^2}}=4.26$$

一般大气环境混凝土的损伤由碳化引起，实测在危险位置的保护层厚度46.2mm，由文献［89］给出的公式计算碳化导致钢筋锈蚀时间为：

$$t'=\frac{46.2}{1.75\times\left(\dfrac{60}{44.5}-1\right)}=75.7$$

混凝土立井设计的服役寿命为70a＜75.7a，因此，在立井服役时间不会发生因碳化引发的钢筋锈蚀损伤。

同样可以计算其他7个时刻的可靠性指标，具体数值见表5－7。

表5－7 不同时间副井危险层可靠性指标

时间/a	0	10	20	30	40	50	60	70
一般环境	3.87	4.95	4.71	4.43	4.14	3.86	3.60	3.40
盐害环境	3.87	3.81	3.61	3.12	2.44	1.38	0.84	0.32
裂缝状态	3.83	3.76	3.45	2.78	2.03	1.16	−0.57	−1.58

5.4.2.2 盐害环境下，不考虑混凝土裂缝影响

副井井壁混凝土采用 C70，混凝土的氯离子扩散系数为 2.494×10^{-7}，按照文献［175］提供的公式计算氯离子到达混凝土中钢筋表面达到临界氯离子浓度的时间：

$$t=\frac{d^2}{\left(2\sqrt{D}\mathrm{erfc}^{-1}\left|\frac{c_{cr}-c_0}{c_s-c_0}\right|\right)^2} \tag{5-46}$$

式中 d——混凝土保护层厚度，取 4.62cm；

c_0——混凝土中氯离子初始浓度，取 0；

c_{cr}——临界氯离子浓度，取 0.1%；

c_s——混凝土表面氯离子浓度，取地下水中浓度，即 0.00033%；

D——混凝土中氯离子扩散系数，取 1.226×10^{-9}；

erfc——拉普拉斯函数；

t——时间。

将以上参数带入，简化整理得：

$$t=\frac{46.2\times46.2}{4\times2.494\times10^{-7}}=1.0698\times10^9$$

经单位换算后的时间是 33.9a，在盐害环境下立井服役 33.9a 后氯离子引发钢筋锈蚀，可靠性指标计算结果见表 5-7。

5.4.2.3 考虑裂缝影响的可靠性指标计算

现场调查危险井壁位置存在两条 0.4～0.6mm 的宏观裂缝，导致加速钢筋锈蚀。计算混凝土由于钢筋锈蚀引起的开裂时间，由式（5-14）得：

$$T_1=\frac{46.2\times46.2}{4\times0.233}\times\mathrm{erfc}^{-1}\left(\frac{0.1-0.00033}{-0.00033}\right)=2.33$$

计算结果显示经过 2.33 年钢筋开始锈蚀。

钢筋的锈蚀速度计算公式：

$$\lambda = 0.0116 i_c(t) \tag{5-47}$$

$$i_c(t) = i_c(0) \cdot 0.85 t^{0.29} \tag{5-48}$$

$$i_c(0) = \frac{37.8\left(1 - \frac{W}{C}\right)^{-1.64}}{l_c} \tag{5-49}$$

式中 λ——钢筋直径损失率，mm/a；

$i_c(t)$——锈蚀开始后电流密度，μA/cm²；

$i_c(0)$——初始锈蚀电流密度，μA/cm²；

W/C——水灰比；

l_c——保护层厚度，cm；

t——锈蚀开始后的时间，a。

将参数带入计算服役 10a 时的锈蚀率：

$$i_c(0) = \frac{37.8 \times 0.65^{-1.64}}{4.62} = 16.583$$

$$i_c(t) = 16.583 \times 0.85 \times 7.67^{0.29} = 7.809$$

$$\lambda = 0.0116 \times 7.809 = 0.0905$$

同理计算其他时间的锈蚀率数据如下（mm/a）：

20/0.376；30/0.428；40/0.468；50/0.479；60/0.53；70/0.555。

可靠性指标计算结果见表 5-7。

根据计算结果会出时变可靠度指标变化如图 5-3 所示。

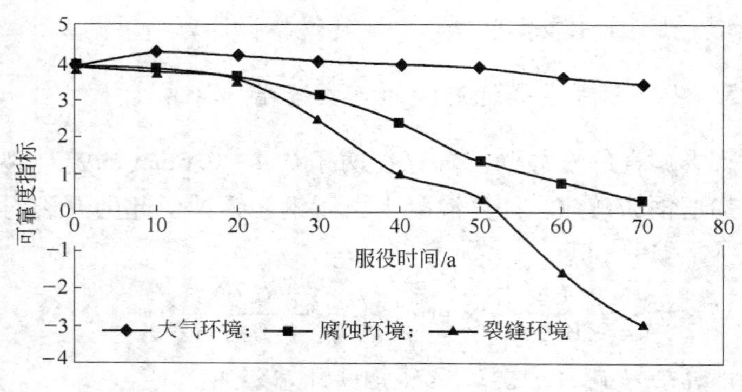

图 5-3 三种不同环境井壁可靠度指标变化趋势

可靠度指标与对应的失效概率的关系见表5－8，从失效概率指标与可靠性指标的对比发现，不考虑环境变化因素会放大井壁的可靠性指标，缩小失效概率值，在主观上造成误解，放松对井壁安全的关注，给井壁安全检测维护埋下隐患，这也是造成目前我国煤矿井壁破裂事故多发和突发的一个原因。

表5－8　可靠性指标对应的失效概率

时间/a	20	30	40	50	60	70
一般环境	9.72×10^{-5}	8.45×10^{-5}	4.1×10^{-5}	4.85×10^{-5}	3.1×10^{-5}	4.4×10^{-4}
盐害环境	3.15×10^{-5}	1.52×10^{-3}	5.3×10^{-3}	7.8×10^{-3}	0.26	0.55
裂缝状态	3.3×10^{-4}	2.64×10^{-3}	8.03×10^{-3}	1	1	1

5.5　提高混凝土井壁耐久性措施

5.5.1　井壁设计采取的措施

井壁设计采取的措施如下：

（1）根据竖直附加力的变化规律和立井的地质环境条件在设计前确定立井中性层位置，对处于中性层位置的钢筋混凝土井壁采取提高混凝土强度、提高钢筋强度、钢筋涂刷保护层等加强耐久性的措施。

（2）选用耐盐害侵蚀水泥。对于含有硫酸盐的井壁环境，普通混凝土受盐害侵蚀破坏的主要原因是水泥中的氢氧化钙与硫酸根离子反应，生成具有膨胀性能的石膏和钙矾石。减少或消除水泥中氢氧化钙含量是防止腐蚀的重要方法。磷铝酸盐水泥由于水化产物中不含有氢氧化钙，减少了与侵蚀介质的反应，表现出良好的抗硫酸盐侵蚀性能。文献［176］研究了磷铝酸盐水泥的抗硫酸镁侵蚀性能，并与硅酸盐水泥进行比较表明：磷铝酸盐水泥抗侵蚀性比硅酸盐水泥高出46%；具有更好的耐硫酸盐侵蚀性。目前，盐害环境立井设计中采用的抗硫酸盐水泥由于地下水中硫酸根离子随地下水径流不受到数量限制，其抗硫酸盐侵蚀效果欠佳，同时其对氯盐、碳酸氢盐起不到抗腐蚀作用。

氯盐环境中防锈蚀措施，一方面采用防腐蚀钢筋，目前采用的耐腐蚀钢筋包括耐腐蚀低合金钢筋、包铜钢筋、镀锌钢筋、环氧涂层钢筋、不锈钢筋等。工程应用成熟的是环氧涂层钢筋。它是在抛光净化到接近铁白程度并预热到约230℃的钢筋表面上，静电喷涂的环氧粉末会立即熔化、流化并迅速固化，形成一层连续、坚韧、不渗透的膜，能适当弯曲、耐磨，具有极高的防腐蚀性能，即使氯离子大量侵入混凝土中，也能长期保护钢筋免受腐蚀。环氧涂层钢筋的运输、存放、加工、安装和混凝土浇捣有严格要求，我国制定了《环氧涂层钢筋规范》，为环氧涂层钢筋的应用提供了技术标准；另一方面混凝土中加入氯离子吸附剂，吸收混凝土中的氯离子从而减少钢筋混凝土中氯离子含量。

（3）在复合井壁中增加防水层。外壁施工结束后在铺设沥青防水夹层前，在外壁表面涂刷一层防水涂料。实践证明目前内外壁间铺设的沥青夹层防水层效果差、易老化，防水效果不理想。立井是矿山重要的基础工程，建议在外壁涂刷聚脲弹性体防水层。聚脲材料性能优越，其性能见表5－9，涂层位置如图5－4所示。

表5－9　聚脲弹性体的主要物理性能指标

项目	拉伸强度/MPa	断裂伸长率/%	凝胶时间/s	不透水性（0.3MPa，30min）	耐化学品性
指标	≥5	≥450	≤15	不渗透	良好

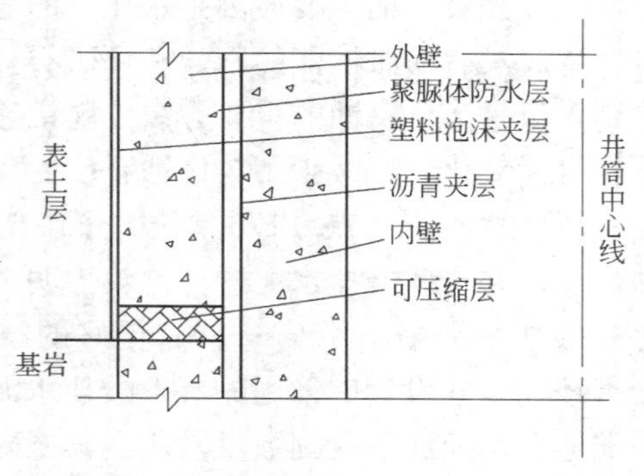

图5－4　防水涂层位置

5.5.2 服役井壁裂缝的治理技术

研究发现，盐害侵蚀混凝土的前提是必须在水的参与下发生，盐离子溶解在水中渗透到混凝土内部才与混凝土中的化学物质产生反应。因此消除混凝土井壁中水的存在或者降低地下水分子进入到混凝土中的时间是提高混凝土耐久性的基础。而裂缝的存在加速了水的渗透导致腐蚀速度迅速提高。因此对立井混凝土井壁中的裂缝一定采取治理措施。根据工程实践，成功的治理方法有两类：

（1）压力灌浆技术。浆液可以在高压下压入混凝土内部的空隙中，填充内部缺陷达到防锈堵漏双重效果；该工艺需要开槽，开槽深度到达 8~10cm，对于厚度 1100mm 的混凝土内壁，如此深的开槽深度足以检验混凝土内部是否存在空洞，做到大的空洞得到补强，小孔隙得到填充；该方案压入的化学堵漏剂在混凝土内部不易老化，可以长期满足防水要求；该工艺不需要大型机械设备，有较高的经济性。

基本治理方案采取先大后小、由面及点，局部处理、分批治理的原则。

施工过程：沿漏水缝开 V 形槽，局部分散小漏点则将漏水处扩大成圆锥形→清洗基层→用喷灯烤干基层，通过湿痕找出渗漏点位→对准渗水点位埋设压浆管，并用速凝水泥封固，同时将四周漏水缝堵住→确认漏水缝处埋管是否连通→经过 24~72h 后，采用专用高压灌浆机对压浆管进行强行压浆堵缝，保持恒压 0.6~0.8MPa，持续 10~20min，确保浆液填满缝隙 24h 后剪断压浆管，并用防水砂浆涂抹两层。

若在开槽过程中，发现部分渗水面壁出现混凝土疏松、空洞等严重质量缺陷，可采用注入堵漏浆、防水砂浆、环氧树脂砂浆等填充材料的方法进行治理，如此可以起到加固补强的作用。

施工步骤：开出 $\phi10$ 的孔→用速凝砂浆埋入相应大小的 PVC 管→同时埋入小的耐压管→待砂浆强度达到要求后→从

PVC管中压入防水砂浆、环氧树脂砂浆→从小耐压管中压入堵漏剂→3d后检查有无局部渗水；若有按集中渗水和接缝渗水方案治理，见图5-5。

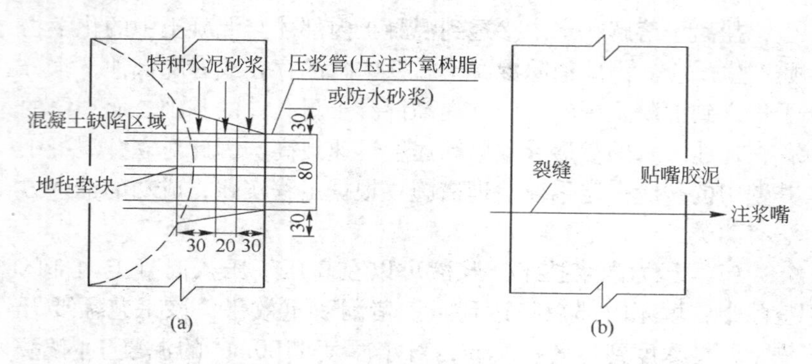

图5-5 裂缝治理技术示意

（a）渗水面；（b）渗水点、缝

大面积潮湿堵缝。在部分点位开槽→同时埋入小的耐压管→待砂浆强度达到要求→压入堵漏剂→刷专用界面剂→涂抹或喷涂防水防腐砂浆→24h后涂抹第2层防水砂浆→3d后检查有无局部渗水，若有，按集中渗水和接缝渗水方案治理。

（2）对地下水含量丰富的地区，可以采取注浆堵截法，即用帷幕注浆堵截水进行含水层分层注浆，将地下腐蚀性水堵截在帷幕以外，从而消除水的渗透；对于盐害离子浓度高、水量丰富的含水部位也可采用引导疏干的方式，即在立井井壁相应部位插入导水管，将井壁周围集聚的地下水引导出来，沿引导水管路流出排离井筒。

5.6 本章小结

本章依据时变可靠度理论，基于材料腐蚀劣化理论分析了服役混凝土井壁可靠度的特点，分析混凝土和钢筋两类材料的抗力衰减规律，依据竖直附加力理论分析中性层的特点，提出计算的数学公式并依据该公式计算某井壁的中性层；提出采用时变可靠度理论计算井壁可靠性指标的方法，并计算了不同服役时间井壁的可靠性指标，计算结果证明不考虑环境作用会放大井壁的安全度，对井壁的安全埋下隐患；提出提高中性层钢筋混凝土强度、选用抗盐害水泥、增加聚脲体防水层等提高井壁耐久性的设计思路和方法，提出高压灌浆、地面注浆等治理服役井壁裂缝和盐害的技术。

附　　录

附录 A　腐蚀混凝土 X 射线衍射数据

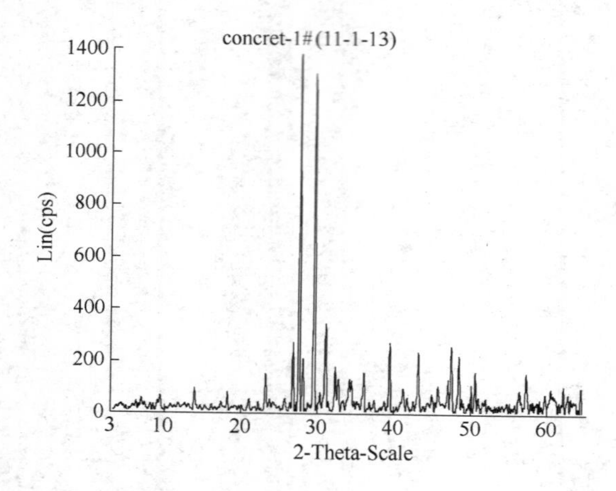

d value	2 − Theta °		Intensity	%
d = 9. 60003	9. 205	9. 60003	56. 5	4. 1
d = 6. 45474	13. 708	6. 45474	85. 5	6. 2
d = 4. 89834	18. 095	4. 89834	72. 0	5. 2
d = 4. 23667	20. 951	4. 23667	44. 3	3. 2
d = 3. 84196	23. 132	3. 84196	141	10. 2
d = 3. 46712	25. 673	3. 46712	47. 0	3. 4
d = 3. 33312	26. 724	3. 33312	264	19. 1
d = 3. 23961	27. 511	3. 23961	1382	100. 0
d = 3. 18120	28. 026	3. 18120	203	14. 7
d = 3. 02673	29. 488	3. 02673	1307	94. 6
d = 2. 94890	30. 285	2. 94890	70. 9	5. 1

d = 2. 88222	31. 002	2. 88222	336	24. 3
d = 2. 76982	32. 294	2. 76982	172	12. 4
d = 2. 73708	32. 691	2. 73708	124	9. 0
d = 2. 62372	34. 146	2. 62372	123	8. 9
d = 2. 60154	34. 446	2. 60154	117	8. 5
d = 2. 48928	36. 052	2. 48928	147	10. 7
d = 2. 39921	37. 455	2. 39921	43. 4	3. 1
d = 2. 27942	39. 502	2. 27942	266	19. 2
d = 2. 18576	41. 271	2. 18576	88. 0	6. 4
d = 2. 15884	41. 809	2. 15884	53. 9	3. 9
d = 2. 11915	42. 630	2. 11915	40. 4	2. 9
d = 2. 09026	43. 249	2. 09026	229	16. 6
d = 1. 97728	45. 856	1. 97728	98. 8	7. 2
d = 1. 92416	47. 198	1. 92416	123	8. 9
d = 1. 90868	47. 604	1. 90868	253	18. 3
d = 1. 87161	48. 607	1. 87161	214	15. 5
d = 1. 81513	50. 222	1. 81513	103	7. 4
d = 1. 79730	50. 756	1. 79730	151	10. 9
d = 1. 62523	56. 584	1. 62523	82. 6	6. 0
d = 1. 60129	57. 508	1. 60129	149	10. 8
d = 1. 54037	60. 010	1. 54037	68. 3	4. 9
d = 1. 48635	62. 430	1. 48635	98. 4	7. 1
d = 1. 47406	63. 009	1. 47406	67. 1	4. 9
d = 1. 43862	64. 748	1. 43862	93. 0	6. 7
d = 3. 74929	23. 712	3. 74929	50. 1	3. 6
d = 1. 52124	60. 844	1. 52124	83. 4	6. 0

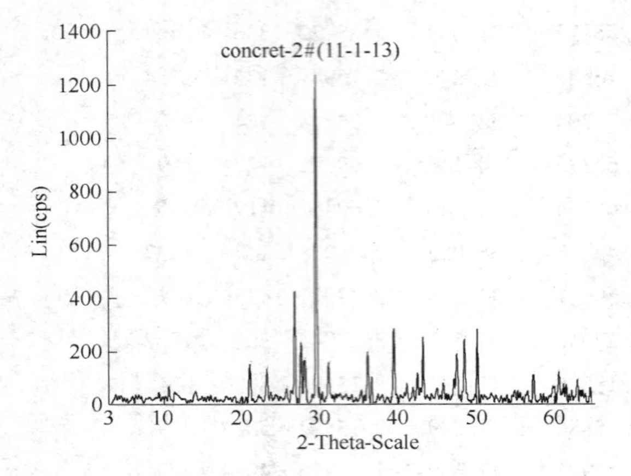

d value	2 – Theta °		Intensity	%
d = 8. 48397	10. 419	8. 48397	61. 9	5. 0
d = 6. 39629	13. 834	6. 39629	43. 1	3. 5
d = 4. 25340	20. 868	4. 25340	146	11. 8
d = 3. 84908	23. 089	3. 84908	128	10. 3
d = 3. 48041	25. 574	3. 48041	52. 6	4. 3
d = 3. 33921	26. 675	3. 33921	421	34. 0
d = 3. 24491	27. 465	3. 24491	227	18. 3
d = 3. 19406	27. 911	3. 19406	161	13. 0
d = 3. 03135	29. 442	3. 03135	1239	100. 0
d = 2. 88490	30. 973	2. 88490	151	12. 2
d = 2. 54770	35. 198	2. 54770	48. 7	3. 9
d = 2. 49298	35. 996	2. 49298	193	15. 6
d = 2. 45498	36. 573	2. 45498	98. 6	8. 0
d = 2. 28208	39. 455	2. 28208	281	22. 7
d = 2. 19457	41. 097	2. 19457	71. 9	5. 8
d = 2. 15583	41. 870	2. 15583	57. 5	4. 6
d = 2. 12582	42. 490	2. 12582	112	9. 0
d = 2. 09229	43. 204	2. 09229	249	20. 1

d = 2. 01339	44. 988	2. 01339	54. 2	4. 4
d = 1. 97944	45. 803	1. 97944	74. 4	6. 0
d = 1. 91061	47. 553	1. 91061	186	15. 0
d = 1. 87364	48. 551	1. 87364	240	19. 4
d = 1. 81609	50. 194	1. 81609	278	22. 4
d = 1. 60287	57. 446	1. 60287	106	8. 5
d = 1. 54147	59. 963	1. 54147	61. 5	5. 0
d = 1. 52339	60. 749	1. 52339	116	9. 4
d = 1. 51087	61. 306	1. 51087	70. 3	5. 7
d = 1. 50292	61. 666	1. 50292	67. 3	5. 4
d = 1. 47270	63. 075	1. 47270	85. 8	6. 9

附录 B Matlab 拟合裂缝长度、深度结果

方案 1、2、3、4 分别代表线性、二次曲线、双曲线、指数函数拟合。

```
mm = nh1 (' yqsy. txt', 1);
拟合方案 1
-10. 5956
-0. 81192
124. 2424
线性拟合误差 = 9. 062
> > mm = nh1 (' yqsy. txt', 2);
拟合方案 2
  -0. 5564
   0. 192
 -0. 33464
 94. 1248
拟合误差 = 5. 5873
> > mm = nh1 (' yqsy. txt', 3);
拟合方案 3
   74. 2728
```

9. 14989
0. 922971
-0. 33464
-1. 61771
-0. 0121829
拟合误差 =4. 2625
> > mm = nh1 （’ yqsy. txt’，4）；
拟合方案 4
75. 9824
-2. 67775
2. 07309
-0. 0579543
2. 06671
-0. 0779129
-0. 522333
0. 000997
-0. 008
拟合误差 =3. 0363

附录 C 腐蚀混凝土声发射测试数据

混凝土试样 3 声发射数据（部分）

时间/s	振铃计数率	能量计数率	平均电压电平
20.	1	1	.
21.	.	.	
22.	19	1	.
31.	.	.	
32.	32	1	1
54.	114	22	7
55.	88	1	11
56.	153	44	8

续表

时间/s	振铃计数率	能量计数率	平均电压电平
57.	94	3	8
101.	41	8	.
102.	49	3	4
296.	4	1	.
297.	.	.	
298.	85	5	8
299.	88	93	7
300.	62	49	7
301.	67	32	4
302.	161	19	7
303.	4	1	.
415.	328	159	16
416.	149	10	11
446.	357	53	18
447.	314	172	21
448.	268	113	20
477.	1090	712	28
497.	2249	833	32
498.	2677	1087	34
499.	2259	1126	32
500.	2532	1758	32
501.	2282	849	32
502.	2473	750	33
503.	2657	826	32
504.	2755	1317	33
505.	2877	1521	35
506.	3028	1292	34

续表

时间/s	振铃计数率	能量计数率	平均电压电平
507.	3678	1837	32
508.	3732	2114	33
509.	4096	2015	34
510.	3528	2069	36
511.	3818	1189	37
512.	3464	2032	33
529.	82	37	9
530.	44	18	5
531.	27	3	.

参考文献

[1] 陈肇元．土建结构的安全性与耐久性［M］．北京：中国建筑工业出版社，2003.

[2] 李定龙，周治安．井壁混凝土渗水腐蚀破坏可能性分析［J］．煤炭学报，1996，21（4）：158～161.

[3] 牛学超，杨仁树，经来旺．高强混凝土在立井井壁中的应用展望［J］．中国矿业，2004，13（11）：51～54.

[4] 洪伯潜．特殊凿井技术在我国的发展前景［J］．中国煤炭，2000，26（4）：5～8.

[5] 胡省三．21世纪前期我国煤炭科技重点发展领域探讨［J］．煤炭学报，2005，30（1）：1～7.

[6] 崔广心．特殊地层条件竖井井壁破坏机理及防治技术［J］．建井技术，1998，19（1）：28～32.

[7] 崔广心，程锡禄．徐淮地区井壁破坏原因的初步研究［J］．煤炭科学技术，1991（8）：46～50.

[8] 张钦礼，王新民，邓义芳．采矿概论［M］．北京：化学工业出版社，2008.

[9] 赵春来，臧桂茂，谭杰．龙固深厚表土层冻结段井壁结构设计参数优化［A］//全国矿山建设学术会议论文集［C］．2005：344～347.

[10] 牛荻涛．混凝土结构耐久性与寿命预测［M］．北京：科学出版社，2002.

[11] 樊云昌，曹兴国，陈怀荣．混凝土中钢筋腐蚀的防护与修复［M］．北京：中国铁道出版社，2001.

[12] 金伟良，赵羽习．混凝土结构耐久性［M］．北京：科学出版社，2002.

[13] 金伟良，吕清芳，赵羽习．混凝土结构耐久性设计方法与寿命预测研究进展［J］．建筑结构学报，2007，28（1）：7～13.

[14] 余红发，孙伟．在冻融或腐蚀环境下混凝土使用寿命预测方法Ⅰ：损伤演化方程与损伤失效模式［J］．硅酸盐学报，2008，36（3）：128～135.

[15] Jun Wang，Zijian Zhang. Experimental investigation properties on resistance of slag cement concrete to sulfate attack［J］. Advanced materials research，2011，194～196（3）：1049～1052.

[16] 张风臣，马保国，谭洪波，等．不同环境下水泥基材料硫酸盐侵蚀类型和机理［J］．济南大学学报，2008，22（1）：33～36.

[17] 冷发光，冯乃谦，邢锋．混凝土应力腐蚀的研究现状与问题［J］．混凝土，2000（8）：6～12.

[18] 黄士元，蒋家奋，杨南茹，等．近代混凝土技术［M］．西安：陕西科学技术出版社，1998.

[19] 曹楚南. 中国材料的自然环境腐蚀 [M]. 北京：化学工业出版社，2005.
[20] 王凯，庞锦娟. 论水土中硫酸盐对混凝土结晶腐蚀的气候评价 [J]. 勘察科学技术，2007 (1)：34 ~ 37.
[21] 李金玉，曹建国. 水工混凝土耐久性的研究和应用 [M]. 北京：中国电力出版社，2004.
[22] 李定龙，周治安. 临涣矿区底含水化学特征及其形成作用探讨 [J]. 煤田地质与勘探，1994，22 (4)：37 ~ 40.
[23] 张鸿达，宿敬北. 对井壁防腐问题的认识 [J]. 建井技术，1997，18 (2)：35 ~ 36.
[24] 张振昌. 立井混凝土井壁的防腐问题 [J]. 煤炭科学技术，1996，24 (12)：5 ~ 7.
[25] 李定龙，周治安. 黄淮地区矿井水文地质条件演变及其工程地质意义初探 [J]. 工程勘察，1996 (1)：34 ~ 36.
[26] 李定龙，汪茂连，孙本魁，等. 皖北刘桥二矿井下析出物的成因初探 [J]. 江苏地质，1996，20 (4)：224 ~ 227.
[27] 李志国. 试论盐及溶液对混凝土及钢筋混凝土的破坏 [J]. 混凝土，1994 (6)：10 ~ 15.
[28] 冯乃谦，邢锋. 混凝土与混凝土结构的耐久性 [M]. 北京：机械工业出版社，2005.
[29] Santhanam M，Cohen M D，Olek J. Modeling the effects of solution temperature and concentration during sulfate attack on cement mortars [J]. Cement and Concrete research，2002，32 (4)：585 ~ 592.
[30] 杨德斌，申春妮. 水泥混凝土抗硫酸盐侵蚀性能快速评估的影响因素研究 [C]. 生态环境与混凝土技术国际学术研讨会，2004：67 ~ 72.
[31] 刘亚辉，申春妮，方祥位，等. 溶液浓度和温度对混凝土硫酸盐侵蚀速度影响 [J]. 重庆建筑大学学报，2008，30 (1)：129 ~ 135.
[32] Santhanam，Menashi D. Cohen，Jan Olek. Sulfate attack research [J]. Cement and Concrete Research，2001，31 (3)：845 ~ 851.
[33] 慕儒，孙伟，缪昌文. 荷载作用下高强混凝土的硫酸盐侵蚀 [J]. 工业建筑，1999，29 (8)：53 ~ 55.
[34] 黄战，邢锋，董必钦，等. 荷载作用下的混凝土硫酸盐腐蚀研究 [J]. 混凝土，2008 (2)：66 ~ 69.
[35] 曹征良，袁雄州，邢锋，等. 美国混凝土硫酸盐侵蚀试验方法评析 [J]. 深圳大学学报（理工版），2006，23 (3)：201 ~ 211.
[36] 乔洪霞，何忠茂，刘翠兰，等. 高性能混凝土抗硫酸盐侵蚀的研究 [J]. 兰州理工大学学报，2004，30 (1)：101 ~ 105.

[37] 刘斯凤，孙伟，王培铭．氯盐硫酸盐溶液长期腐蚀下混凝土组成的生态控制 [J]．东南大学学报（自然科学版），2006（增刊）（2）：263～268.
[38] 金祖权，孙伟，张云升，等．混凝土在硫酸盐氯盐溶液中损伤过程 [J]．硅酸盐学报，2006，34（5）：630～635.
[39] 马保国，高小建，何忠茂，等．混凝土在 SO_4^{2-} 和 CO_3^{2-} 共同存在下的腐蚀破坏 [J]．硅酸盐学报，2004，32（10）：1219～1224.
[40] 梁咏宁，袁迎曙．超声检测混凝土硫酸盐侵蚀的研究 [J]．混凝土，2004（8）：15～17.
[41] 蒋敏强，陈建康，杨鼎宜．硫酸盐侵蚀水泥砂浆动弹性模量的超声检测 [J]．硅酸盐学报，2005，33（1）：126～132.
[42] 梁咏宁，袁迎曙．硫酸盐腐蚀后混凝土单轴受压本构关系 [J]．哈尔滨工业大学学报，2008，40（4）：532～535.
[43] 范颖芳，黄振国，郭乐仁，等．硫酸盐腐蚀后混凝土力学性能研究 [J]．郑州工业大学学报，1999，20（1）：91～93.
[44] 梁汝恒．普通混凝土抗硫酸盐侵蚀性能研究 [J]．广东建材，2008（8）：51～53.
[45] 高礼雄，姚燕，王玲，等．水泥混凝土抗硫酸盐侵蚀试验方法的探讨 [J]．混凝土，2004（10）：12～17.
[46] 申春妮，杨德斌，方祥位，等．混凝土硫酸盐侵蚀试验方法研究 [J]．四川建筑科学研究，2005，31（2）：16～19.
[47] Mehta P K．混凝土的结构性能与材料 [M]．祝永年，沈威，陈志源，译．上海：同济大学出版社，1991.
[48] 邓爱民．混凝土损伤行为特性研究 [D]．河海大学，2001.
[49] 李兆霞．损伤力学及其应用 [M]．北京：科学出版社，2002.
[50] 余寿文，冯西桥．损伤力学 [M]．北京：清华大学出版社，1997.
[51] 杨光松．损伤力学与复合材料损伤 [M]．北京：国防工业出版社，1995.
[52] 逯静洲，林皋，王哲．混凝土经历荷载历史损伤特性研究 [J]．烟台大学学报，2004（4）：18～25.
[53] 何明，符晓陵，徐道远．混凝土的损伤模型 [J]．福州大学学报（自然科学版），1994，22（4）：109～114.
[54] 关宇刚，孙伟，缪昌文．基于可靠度与损伤理论的混凝土寿命预测模型：模型阐述与建立 [J]．硅酸盐学报，2001，29（6）：530～534.
[55] 余红发，孙伟，金祖权，等．土木工程结构混凝土寿命预测的损伤演化方程 [J]．东南大学学报，2006，36（增刊）：216～220.
[56] 张研，张子明，邵建富．混凝土化学力学损伤本构模型 [J]．工程力学，2006，23（9）：153～157.

[57] 左晓宝，孙伟．硫酸盐侵蚀下混凝土损伤破坏全过程 [J]．硅酸盐学报，2009，37（7）：1063～1067.

[58] 王明，李庶林．声发射技术在结构安全监测中的研究与应用概述 [C]．第六届全国工程结构安全防护学术会议论文集，2005：201～207.

[59] 杨明伟．声发射检测 [M]．北京：机械工业出版社，2005.

[60] 李宏男．结构健康监测 [M]．大连：大连理工大学出版社，2005.

[61] 郝英奇．混凝土强度的超声平测法试验研究 [D]．合肥工业大学，2006.

[62] 纪洪广．混凝土材料声发射性能研究与应用 [M]．北京：煤炭工业出版社，2004.

[63] 腾山邦久，冯夏庭，译．声发射技术应用 [M]．北京：冶金工业出版社，1996.

[64] 纪洪广，裴广文，单晓云．混凝土材料声发射技术研究综述 [J]．应用声学，2002，21（4）：1～5.

[65] 董毓利，谢和平，李玉寿．混凝土受压全过程声发射特性及其损伤本构模型 [J]．力学与实践，1995，17（4）：25～28.

[66] 陈兵，姚武，吴科如．用声发射技术研究集料尺寸对混凝土受压力学性能影响 [J]．无损检测，2001，23（5）：194～197.

[67] 纪洪广，蔡美峰．混凝土材料声发射非线性特征研究 [J]．岩石力学与工程学，1999，18（3）：212～216.

[68] 纪洪广，张天森，蔡美峰，等．混凝土材料损伤因子的声发射动态检测方法研究 [J]．岩石力学与工程学报，2000，19（3）：335～339.

[69] 王余刚，骆英，柳祖亭．全波形声发射技术用于混凝土材料损伤检测研究 [J]．岩石力学与工程学报，2005，24（5）：803～807.

[70] 朱宏平，徐文生，陈晓强，等．利用声发射信号与速率过程理论对混凝土损伤进行定量评估 [J]．工程力学，2008，25（10）：186～190.

[71] 张誉，屈文俊，蒋利学，等．混凝土结构耐久性概论 [M]．上海：上海科学技术出版社，1997.

[72] Prezzi M，Geyskens P，Montero P J M．Reliability approach to service life prediction of concrete exposed to marine environments [J]．ACI Materials Journal，1996，93（6）：544～552.

[73] 杜应吉，李元婷．高性能混凝土抗硫酸盐侵蚀耐久寿命预测 [J]．西北农林科技大学学报（自然科学版），2004，32（12）：100～103.

[74] 王衍森，薛利兵，程建平，等．特厚冲积层竖井井壁冻结压力的实测与分析 [J]．岩土工程学报，2009，31（2）：207～212.

[75] 郝育忠．机械设计基础 [M]．重庆：重庆大学出版社，2007.

[76] 徐辉东，杨仁树，郭保国，等．龙固矿副井特厚表土层冻结段外壁施工技术

[J]. 煤炭科学技术，2005，33（9）：20~22.

[77] 张誉，蒋利学，张伟平，屈文俊. 混凝土结构耐久性概论 [M]. 上海：上海科学技术出版社，2003.

[78] 姚直书，程桦. 特厚冲积层中冻结法凿井外层井壁技术研究 [C]. 全国矿山建设学术会议论文集，2005：81~87.

[79] 郑宇. 早期受荷对混凝土理学性能影响的研究 [D]. 北京科技大学，2006.

[80] 周治安. 深厚黏土层内井壁工程地质特征分析 [J]. 煤田地质与勘探，2005，33（1）：101~105.

[81] 姚武. 绿色混凝土 [M]. 北京：化学工业出版社，2006.

[82] 林辰. 早龄期混凝土断裂性能和微观结构的试验研究 [D]. 浙江大学，2005.

[83] 李家和，王政，吕宝玉. 高强混凝土负温下强度发展研究 [J]. 哈尔滨工业大学学报，2002，34（3）：373~375.

[84] 朱卫中，王剑，钮长仁. 负温高强混凝土冻结损伤参数适应条件研究 [J]. 低温建筑技术，2001（2）：10~13.

[85] 梁冰，薛强，刘晓丽. 煤矸石中硫酸盐对地下水污染的环境预测 [J]. 煤炭学报，2003，28（5）：526~530.

[86] 张建立，沈照理，李东艳. 淄博煤矿矿坑排水的水化学特征及其形成机理的初步研究 [J]. 地质评论，2000，46（3）：263~268.

[87] 吴耀国，沈照理，李广贺. 淄博煤矿区矿井水的化学形成及其模拟 [J]. 环境科学学报，2000，20（4）：401~405.

[88] 齐建军，王岩，张兴华. 酸性矿井水对地下水污染规律的数值模拟研究 [J]. 湖南科技大学学报（自然科学版），2008，23（3）：123~127.

[89] 王军. 基于碳化影响的混凝土构件时变可靠度研究 [D]. 北京科技大学，2006.

[90] 苏达根. 土木工程材料 [M]. 北京：高等教育出版社，2005.

[91] 陈元素. 受腐蚀混凝土力学性能试验研究 [D]. 大连理工大学，2005.

[92] 汤海昌. 硫酸盐侵蚀下混凝土耐久性分析 [D]. 南京理工大学，2008.

[93] 何文. 混凝土耐盐结晶膨胀腐蚀性能研究 [D]. 湖南大学，2004.

[94] 牛全林. 预防盐碱环境中混凝土结构耐久性病害的研究与应用 [D]. 清华大学，2004.

[95] 乔洪霞. 高性能混凝土抗硫酸盐侵蚀试验研究 [D]. 兰州理工大学，2003.

[96] 马昆林. 混凝土盐结晶侵蚀机理与评价方法 [D]. 中南大学，2009.

[97] 金仲辉，梁德余. 大学基础物理学 [M]. 北京：科学出版社，2006.

[98] 王军，纪洪广，李素蕾. 不同强度混凝土抗地下水侵蚀性能试验研究 [J]. 混凝土，2009（12）：41~45.

[99] 许金泉. 材料强度学 [M]. 上海：上海交通大学出版社，2009.

[100] 杨全兵，朱蓓蓉．混凝土盐结晶破坏的研究［J］．建筑材料学报，2007，10（4）：392~396.

[101] 王军．混凝土中钢筋锈蚀原因与防锈蚀设计［J］．混凝土，2008（8）：41~45.

[102] 冯乃谦，邢锋．混凝土与混凝土结构的耐久性［M］．北京：机械工业出版社，2008.

[103] 黄小飞．特厚表土层冻结井壁的受力机理及设计理论研究［D］．安徽理工大学，2006.

[104] 孙伟．现代混凝土材料与结构服役特性的研究进展［J］．混凝土世界，2009（1）：18~28.

[105] 王铁梦．工程结构裂缝控制［M］．北京：中国建筑工业出版社，1997.

[106] 张雄．混凝土结构裂缝防治技术［M］．北京：化学工业出版社，2007.

[107] 王衍森，黄家会，杨维好，等．特厚冲积层冻结井外壁温度实测研究［J］．中国矿业大学学报，2006，35（4）：468~472.

[108] 王衍森，杨维好，黄家会，等．龙固副井冻结凿井期外壁混凝土应变的实测研究［J］．煤炭学报，2006，31（3）：296~300.

[109] Alonso C，Andrade C，Rodriguez J，etc. Factorscontrolling cracking of concrete affected by reinforcement corrosion［J］. Materials and Structures，1998，31（8）：435~441.

[110] Marzouk H，Hossin M，Hussein A. Crack width estimation for concrete plate［J］. ACI Structural Journal，2010，107（3）：282~289.

[111] LanGilbert R. Control of flexural cracking in reinforced concrete［J］. ACI Structural Journal，2008，105（3）：301~307.

[112] Rizk E，Marzouk H. Anew formula to calculate crack spacing for concrete plates［J］. ACI structural Journal，2010，107（10）：43~51.

[113] WeiJian Yi，Sashi K . Kunnath，Xiaodong Sun，etc. Fatigue behavior of reinforced concrete beams with corroded steel reinforcement［J］. ACIStructural Journal，2010，107（5）：526~533.

[114] Tinier R，Mobasher B. Modeling of Damage in cementbased materials subjected to externalsulphate attack II：Comparison with experiments［J］. Journal of Materials in Civil Engineering Materials in Civil Engineering，2003，15（4）：14~322.

[115] Akoz F，Turker F，Koral S，et al . Effect of sodium sul-fate concentration Oll the sulfateresistance of mortars withand without silica fume［J］. Cement and Concrete Re-search，1995，25（6）：1362~1368 .

[116] Bentz D P，Clifton J R，Ferraris C F，et al . Transport properties and durability of concrete：literature review and research plan［R］. NISTIR 6395，Maryland：

Building and Fire Research Laboratory, National Institute of Standard and Technology, 1999.

[117] 闻新，周露，王丹力，等. MATLAB 神经网络应用设计 [M]. 北京：科学出版社，2002.

[118] 肖应博. 基于数值模拟与神经网络的隧道围岩稳定性分析与监测 [D]. 北京科技大学，2006.

[119] 周开利，康耀红. 神经网络模型及其 Matlab 仿真程序设计 [M]. 北京：清华大学出版社，2005.

[120] 范颖芳. 多因素作用下混凝土寿命的 BP 神经网络预测 [J]. 材料导报，2008，22 (7)：85 ~ 87.

[121] 王沫然. Matlab 与科学计算 [M]. 北京：电子工业出版社，2003.

[122] Simon，叶世伟，史忠植，译. 神经网络原理 [M]. 北京：机械工业出版社，2004.

[123] 李向民，郑玉庆，许清风. 带裂缝矩形梁力学性能的试验研究 [J]. 结构工程师，2010，26 (2)：142 ~ 145.

[124] 谢洪林. 混凝土损伤机理及临界损伤特性分析 [D]. 昆明理工大学，2004.

[125] 千力. 基于声发射技术的混凝土损伤评估 [D]. 华中科技大学，2006.

[126] 陈小佳. 基于非线性超声特征的混凝土初始损伤识别和评价研究 [D]. 武汉理工大学，2007.

[127] 姜绍飞，王留生，殷晓志，等. 结构健康监测中的数据融合技术 [J]. 沈阳建筑大学学报（自然科学版），2005，21 (1)：18.

[128] 陈长征，罗跃纲，白秉三，等. 结构损伤检测与智能诊断 [M]. 北京：科学出版社，2001

[129] 邱玲，徐道远，朱为玄，等. 混凝土压缩时初始损伤及损伤演变的试验研究 [J]. 合肥工业大学学报（自然科学版），2001，24 (6)：1061 ~ 1065.

[130] 张俊芝. 服役工程结构可靠性理论及其应用 [M]. 北京：中国水利水电出版社，2007.

[131] Jun Wang, Hongguang Ji, JuanjuanWang, et al. Residual life predication of reinforced concrete elements based on time - varying reliability [J]. Advanced materials research, 2011, 163 ~ 167 (4): 3258 ~ 3262.

[132] 李桂青，李秋胜. 工程结构时变可靠度理论及应用 [M]. 北京：科学出版社，2001.

[133] 李国强. 工程结构荷载与可靠度设计原理 [M]. 北京：中国建筑工业出版社，1999.

[134] Housner G W. Structural Control: Past Present and Future. Journal of Engineer Mechanics, 1997, 123 (9).

[135] Al - Sulaimaini G J, et al. Influence of corrosion and cracking on bond behavior and strength of reinforced concrete members. ACI Structural Journal, 1990, 87 (2): 220 ~ 231.

[136] 金伟良，赵羽习. 正常使用极限状态下混凝土结构构件可靠度的分析方法 [J]. 浙江大学学报（工学版），2002 (11): 57 ~ 61.

[137] 贡金鑫，赵国藩. 考虑抗力随时间变化的结构可靠度分析 [J]. 建筑结构学报，1998 (10): 9 ~ 13.

[138] Jun Wang, Hongguang Ji, Chuanqing Wang, et al. Analysis settlement calculation methods of combined piles in composite foundation. Applied mechanics and materials, 2011, 71 ~ 78 (1): 28 ~ 32.

[139] 孙林柱，杨俊杰. 双层钢筋混凝土冻结井井壁结构可靠度分析 [J]. 建井技术，1997, 18 (3): 1722.

[140] George W Washa and Kurt F Wendt. Fifty years properties of concrete. ACI Journal, January, 1975: 20 ~ 28.

[141] 贡金鑫，赵国藩，赵尚传. 工程结构生命全过程可靠度 [M]. 北京：中国铁道出版社，2002.

[142] Shuenn - Chern Tng, et al. Effect of reinforcing steel area loss on flexural behavior of reinforced concrete beams. ACI Structural Journal, 1991, 88 (3): 309 ~ 314.

[143] George W Washa and Kurt F Wendt. Fifty years properties of concrete. ACI Journal, January, 1975: 20 ~ 28.

[144] 史庆轩. 锈蚀钢筋混凝土受压构件承载力试验研究 [J]. 工业建筑，2001, 31 (5): 14 ~ 17.

[145] Jun Wang, Hongguang Ji, Chuanqing Wang, et al. Numerical analysis for displacement law of deep alluvium frozen wall in thousand metres vertical well [J]. Advanced materials research, 2011, 243 ~ 249 (2): 2634 ~ 2637.

[146] Jun Wang, Hongguang Ji, Juanjuan Wang, et al. Residual life predication of reinforced concrete elements based on time - varying reliability [J]. Advanced materials research, 2011, 163 ~ 167 (4): 3258 ~ 3262.

[147] 哈尔滨工业大学，大连理工大学. 混凝土及砌体结构 [M]. 北京：中国建筑工业出版社，2002.

[148] 赵国藩，贡金鑫，赵尚传. 工程结构生命全过程可靠度 [M]. 北京：中国铁道出版社，2004.

[149] 刘全林，孙文若，杨俊杰. 钻井井壁结构的可靠性分析 [J]. 煤炭科学技术，1995, 23 (6): 6 ~ 9.

[150] 刘全林，孙文若. 概率统计法确定钻井井壁荷载标准值 [J]. 淮南矿业学院学报，1995, 15 (1): 18 ~ 22.

[151] 丁敏. 复杂荷载条件下井壁破裂预测 [D]. 山东科技大学, 2005.
[152] 倪兴华, 隋旺华, 官云章, 等. 煤矿立井井壁破裂防治技术研究 [M]. 徐州: 中国矿业大学出版社, 2005.
[153] 崔广心. 深厚表土中竖井井壁的外载 [J]. 岩土工程学报, 2003, 25 (3): 294 ~ 298.
[154] Schweiger H F, Pande G N. Numerical Analyvsis of a Road Embankment Constructed on Soft Clay Sts - bilized with Stone Columns. In: Proc. Num. Mech. in Geomech. 1998: 1329 ~ 1333.
[155] Schweiger H F, Pande G N. Modelling stone Column Reinforced Soils - A Modified Voigt Approach. In: Proc. 3rd Num. Models in Geomech. 1989: 204 ~ 214.
[156] Canetta G, Nova R. A Numerical Method for the Analysis of Ground Improved by Columnar Inclu - sions. In: Comp. Geotech. 1989: 99 ~ 114.
[157] 王明远. 济北矿区快速建设新技术 [M]. 北京: 煤炭工业出版社, 2005.
[158] Alamgir M, Miura N, Poorooshasb H B, Madhac M R. Deformation analysis of soft ground reinforced bycolumniation inclusion. Computers and Geotechnics, 1996, 18 (4): 267 ~ 290.
[159] Cooke R W, Price G, Tarr K. A study of load transfer and settlement under working conditions. Geotechnique, 1979, 29 (2): 113 ~ 147.
[160] Randolph M F, Wroth C P. Analysis of deformation of vertically loaded piles. Journal of the Geotechnical Engineering Division, 1978, 104 (12): 1465 ~ 1488.
[161] Canetta G, Nova R. Numerical Modelling of a Circular Foundation Over Vibrofloted Sand. In: proc. 3rd Num. Models in Geomech. 1989: 215 ~ 222.
[162] 经来旺, 何杰兵, 张宏学. 深立井井壁结构设计中存在问题及解决对策 [J]. 中国矿业, 2007, 16 (6): 66 ~ 68.
[163] 吕恒林, 崔广心. 深厚表土中井壁破裂的力学机理 [J]. 中国矿业大学学报, 1999, 28 (6): 539 ~ 543.
[164] 周治安, 杨为民. 破裂井筒侧摩阻力分析 [J]. 煤田地质与勘探, 2003, 31 (5): 37 ~ 40.
[165] 王伟成. 厚冲积层疏水引起地面沉降时井筒受力分析 [J]. 中国矿业大学学报, 1996, 25 (3): 54 ~ 58.
[166] 柳温忠. 地下结构模糊随机可靠度研究 [D]. 安徽理工大学, 2001.
[167] 邵德胜, 周传美. 竖井井壁破坏分析和最大负摩擦力的确定 [J]. 金属矿山, 1996 (7): 25 ~ 29.
[168] 杨华, 江向阳. 立井井壁破坏机理的力学模型与分析 [J]. 济南大学学报 (自然科学版), 2003, 17 (4): 383 ~ 386.
[169] 经来旺. 冻结立井的破裂危险深度研究 [J]. 煤炭科学技术, 2002, 30

(10)：43～47.

[170] 黄家会，杨维好. 井壁竖直附加力变化规律模拟试验研究［J］. 岩土工程学报，2006，28（10）：1204～1207.

[171] 刘希亮. 深厚表土不稳定地层中井壁受力研究［M］. 北京：煤炭工业出版社，2004.

[172] 杜锋. 立井井壁厚度计算公式研究［J］. 陕西煤炭技术，1999（1）：30～36.

[173] 张国鑫. 复合井壁与钢筋混凝土井壁结构性能比较［J］. 建井技术，2000，21（5）：20～25.

[174] 汪船. 600深表土中内层钢板—钢筋混凝土复合钻井井壁力学性能的研究. 北京：煤炭科学研究总院北京建井研究所，2003.

[175] 陈正，杨绿峰，冯庆革，等. 高性能混凝土的氯离子扩散及服役寿命研究［J］. 建筑材料学报，2010，13（2）：222～231.

[176] 王伟，衣朝华，李仕群，等. 新型磷铝酸盐水泥抗硫酸盐侵蚀性能［J］. 硅酸盐学报，2008，36（1）：82～87.

[177] 黄微波. 喷涂聚氨酯硬泡聚脲弹性体技术［J］. 新型建筑材料，2000（12）：7～9.